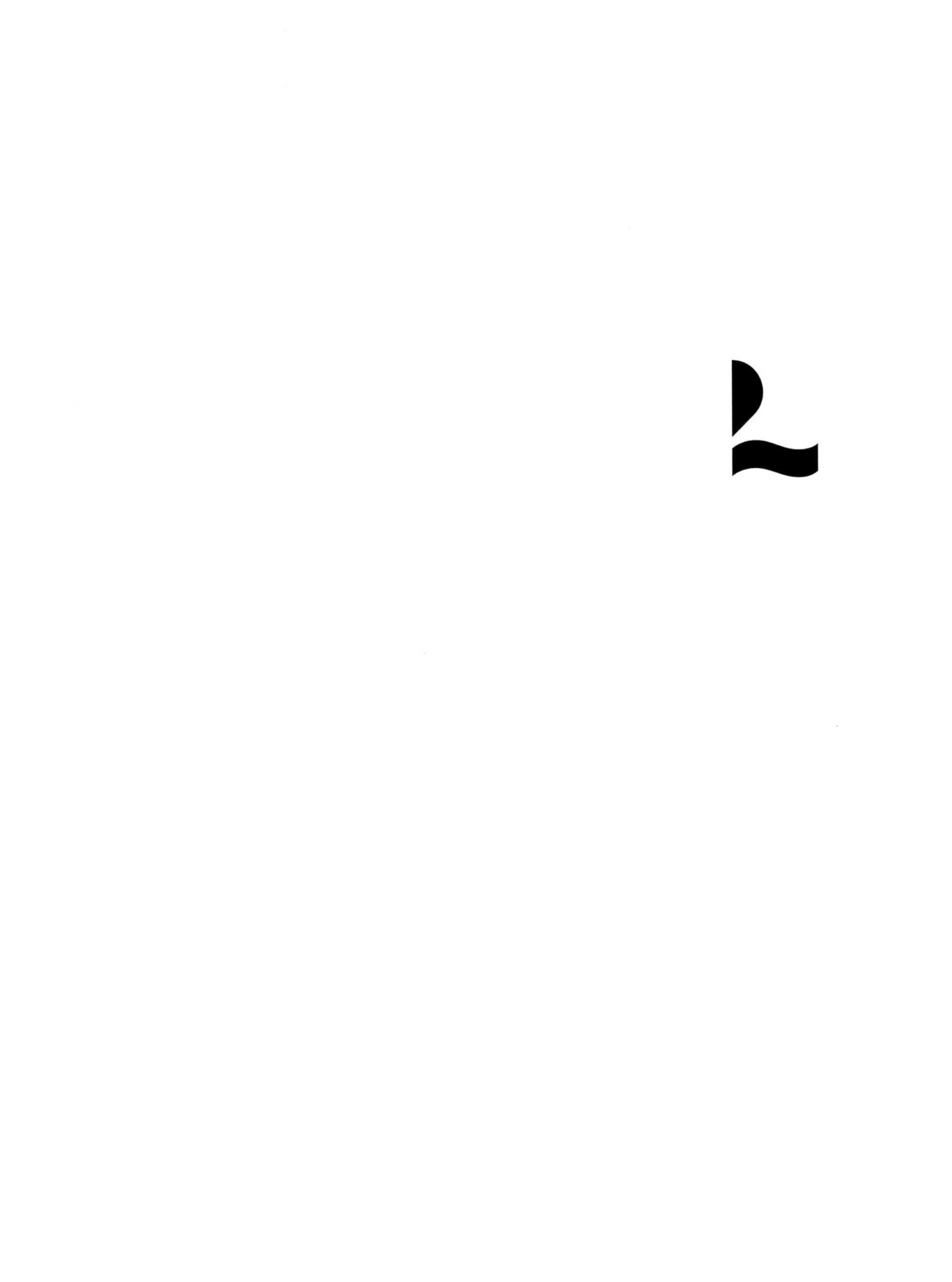

LEUVEN BRAIN INSTITUTE

Breinwonder
Wonder Brain

De verborgen wereld
van onze hersenen in beeld

The hidden world
of the brain visualised

Lannoo
Campus

D/2025/45/135 – ISBN 978 90 209 5850 8 – NUR 740, 870

Vormgeving omslag en binnenwerk: Paul Verrept
Copywriting: Sven De Potter | TienTonTaal
Beeldredactie: Hein van Putten | Hendrik de Tiende

Uitgeverij LannooCampus maakt deel uit van Lannoo Uitgeverij, de boeken- en multimediadivisie van Uitgeverij Lannoo nv.

Uitgeverij LannooCampus

Vaartkom 41 bus 01.02	Postbus 23202
3000 Leuven	1100 DS Amsterdam
België	Nederland

Cover and interior design: Paul Verrept
Copywriting: Sven De Potter | TienTonTaal
Image editing: Hein van Putten | Hendrik de Tiende
Translation: AKIRA Translations

LannooCampus Publishers is a subsidiary of Lannoo Publishers, the book and multimedia division of Lannoo Publishers nv.

LannooCampus Publishers

Vaartkom 41 box 01.02	P.O. Box 23202
3000 Leuven	1100 DS Amsterdam
Belgium	The Netherlands

www.lannoocampus.com

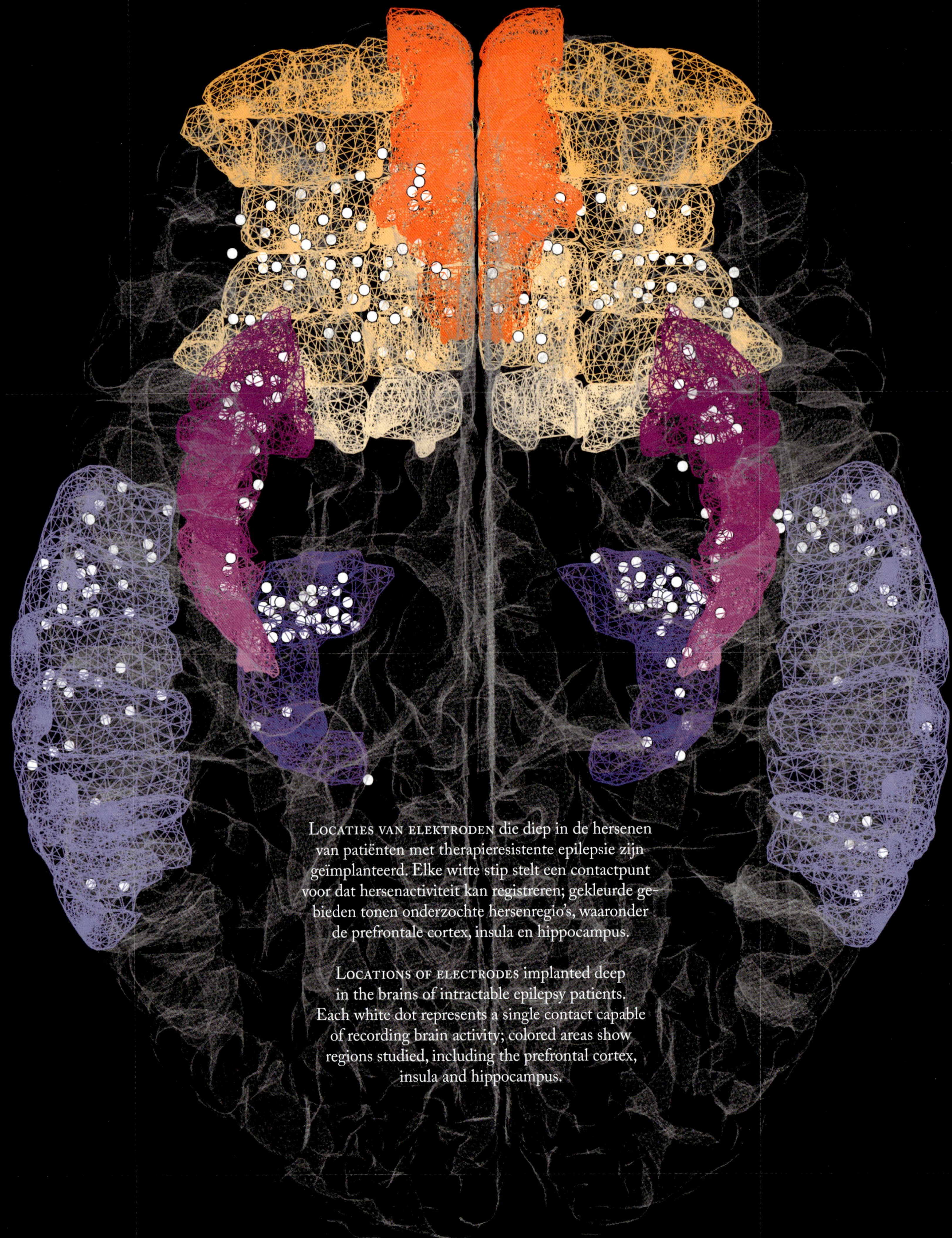

Locaties van elektroden die diep in de hersenen van patiënten met therapieresistente epilepsie zijn geïmplanteerd. Elke witte stip stelt een contactpunt voor dat hersenactiviteit kan registreren; gekleurde gebieden tonen onderzochte hersenregio's, waaronder de prefrontale cortex, insula en hippocampus.

Locations of electrodes implanted deep in the brains of intractable epilepsy patients. Each white dot represents a single contact capable of recording brain activity; colored areas show regions studied, including the prefrontal cortex, insula and hippocampus.

Het brein in beeld

Het brein spreekt tot onze verbeelding. Hoe ziet die verborgen wereld eruit, waar gedachten en gevoelens ontstaan, waar herinneringen worden gevormd en ons bewustzijn wortelt? En hoe verandert dat landschap wanneer het evenwicht verstoord raakt? Dit boek zoekt naar een antwoord op die vragen – niet met woorden, maar met beelden.

In dit boek nemen we je mee door een gelaagde microkosmos, met beelden die niet alleen wetenschappelijk waardevol zijn, maar ook esthetisch verbluffend. Ze wekken verwondering op en nodigen uit om anders te kijken naar wat zich in ons hoofd afspeelt. Is het kunst, of een beeld van het brein? Die vraag hebben we ons tijdens het samenstellen van dit boek vaak gesteld. Je zult merken dat de zogenoemde grijze massa, eenmaal in beeld gebracht, een verrassend kleurrijk universum vormt.

> De zogenoemde grijze massa vormt, eenmaal in beeld gebracht, een verrassend kleurrijk universum.

The brain in focus

The brain captures our imagination. What does that hidden world look like, where thoughts and feelings come into being, memories are formed and consciousness takes root? And how does that landscape change when its equilibrium is disturbed? This book seeks to answer those questions – not in words, but through images.

This book takes you through a multilayered microcosmos, with images that are not only scientifically revealing but aesthetically stunning as well. They inspire wonder and invite us to look differently at what is happening inside our heads. Is it art, or an image of the brain? We asked ourselves that question many times while compiling this book. You will find that the so-called grey matter, once visualised, forms a surprisingly colourful universe.

> The so-called grey matter, once visualised, forms a surprisingly colourful universe.

We nemen je mee in de wereld van neuronen, gliacellen, netwerken en zenuwbanen. Je krijgt een unieke inkijk in het brein bij aandoeningen zoals alzheimer. We tonen hoe hersenen zich anders ontwikkelen bij bijvoorbeeld dyscalculie, en hoe psychische kwetsbaarheid soms samengaat met creativiteit. Je ontdekt dat het brein een elektrisch orgaan is, en hoe mensen, muizen, fruitvliegjes en zelfs inktvissen ons iets leren over de bouw en de werking ervan.

Als er een draad door dit boek loopt, dan is het deze: het zichtbaar maken van het onzichtbare. We baseren ons op technieken die steunen op fundamentele natuurkundige inzichten en vernuftige technologieën. Ze laten ons steeds dieper in het brein kijken en bieden een steeds scherpere blik op wat het brein tot brein maakt. Het resultaat is de vrucht van een intense samenwerking tussen artsen, fysici, biologen, ingenieurs en datawetenschappers. Hersenonderzoek is teamwork, over disciplines en grenzen heen. En laat dat nu net het kloppende hart – en de kernmissie – van het Leuven Brain Institute zijn.

> *Breinwonder* is een ode aan het brein én aan de mensen die het onderzoeken.

Verwacht in dit boek geen lineair breinverhaal, noch een handleiding tot het brein. De verschillende thema's vormen eerder een caleidoscoop van onderzoekslijnen waarin de LBI-wetenschappers zich vandaag verdiepen. *Breinwonder* is een ode aan het brein én aan de mensen die het onderzoeken. Het is een uitnodiging tot verwondering, bewondering en nieuwsgierigheid. Wij hopen dat de beelden in dit boek je raken, inspireren en – wie weet – je doen verlangen om zelf mee te zoeken naar de geheimen van het brein.

We will take you into a world of neurons, glial cells, networks and neural pathways. You will gain unique insights into the brain in conditions such as Alzheimer's disease. We show how brains can develop differently, for example in dyscalculia, and how mental vulnerability can sometimes go hand in hand with creativity. You will discover that the brain is an electrical organ, and how humans, mice, fruit flies and even octopuses are helping us understand its structure and functioning.

If there is a single thread running through this book, it is this: making the invisible visible. We use techniques that are grounded in fundamental physics and driven by ingenious technologies. These allow us to look even more deeply into the brain and offer an increasingly precise view of what makes a brain what it is. The result is the fruit of intense collaboration between doctors, physicists, biologists, engineers and data scientists. Brain research thrives on teamwork – across disciplines and across borders. It is precisely this that lies at the heart – and forms the core mission – of the Leuven Brain Institute.

> *Wonder Brain* is a tribute to the brain and the people who study it.

Don't expect this book to provide a linear story about the brain, or even a guidebook to the brain. Instead, the various themes form a kaleidoscope of research lines currently pursued by scientists at LBI. *Wonder Brain* is a tribute to the brain and the people who study it. It is intended to evoke wonder, admiration and curiosity. We hope the images in this book will move you, inspire you and – who knows – perhaps even encourage you to join the search to unlock the secrets of the brain.

Mathieu Vandenbulcke | directeur/director

Ann Van der Jeugd | coördinator/coordinator

Leuven Brain Institute (LBI)

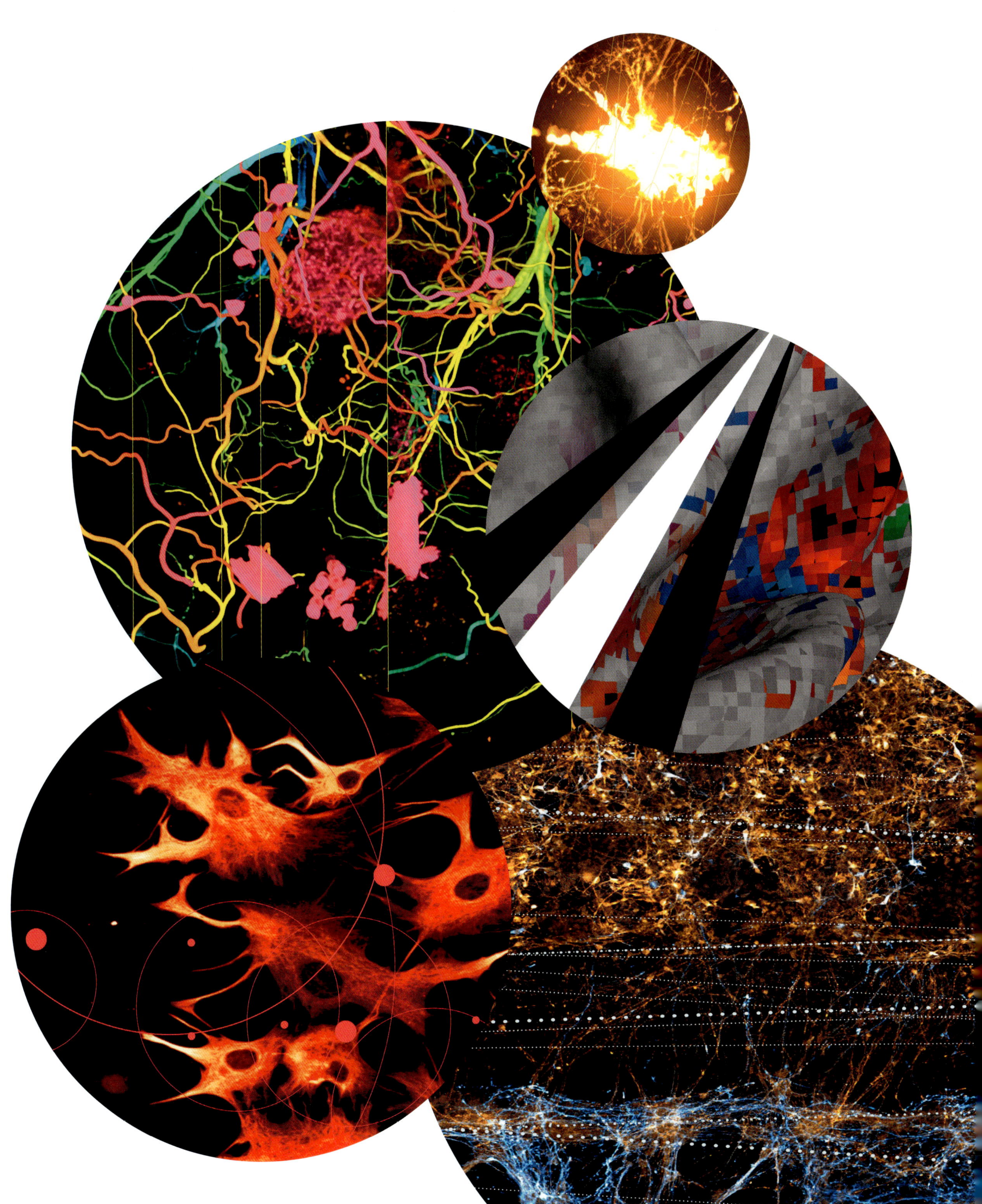

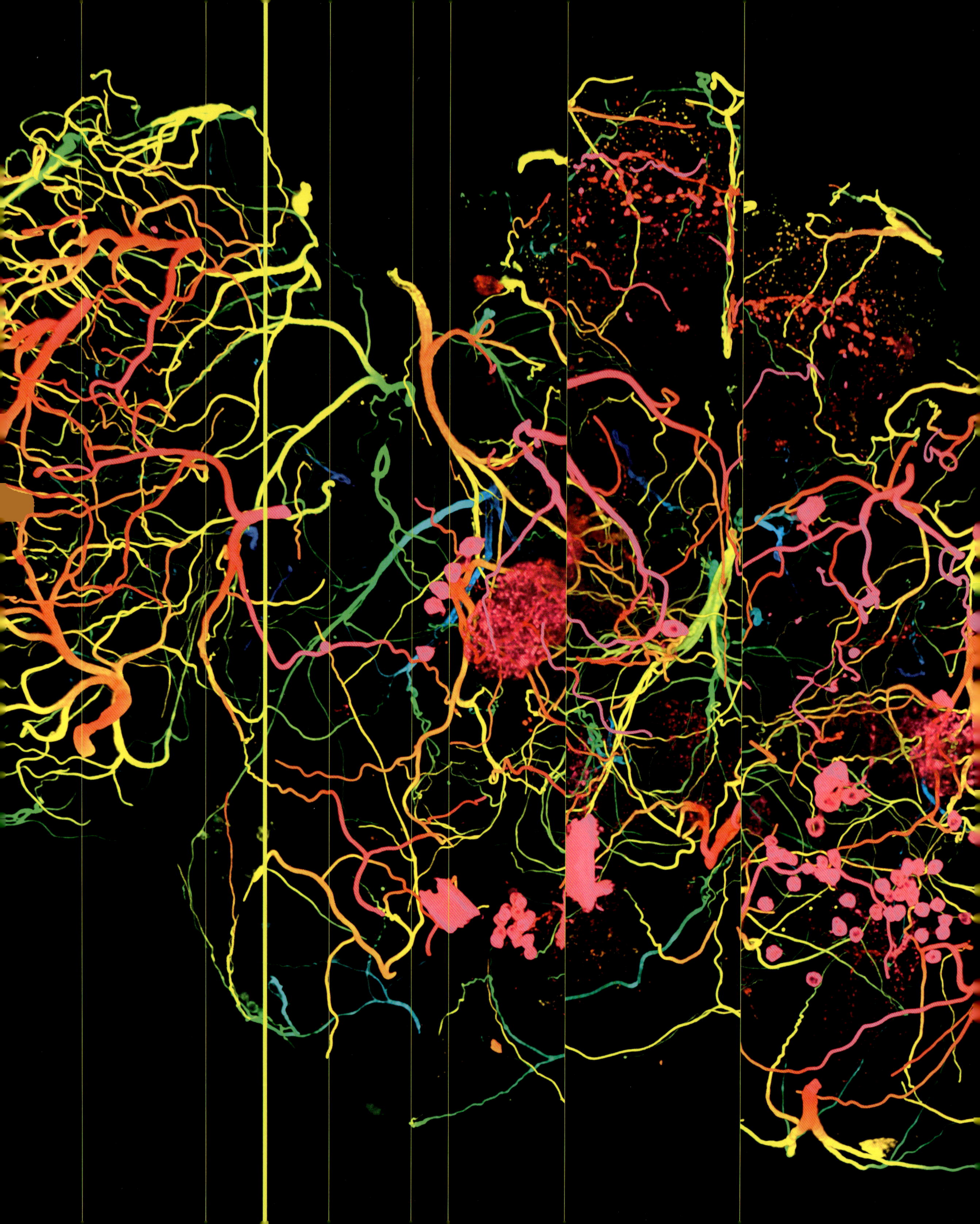

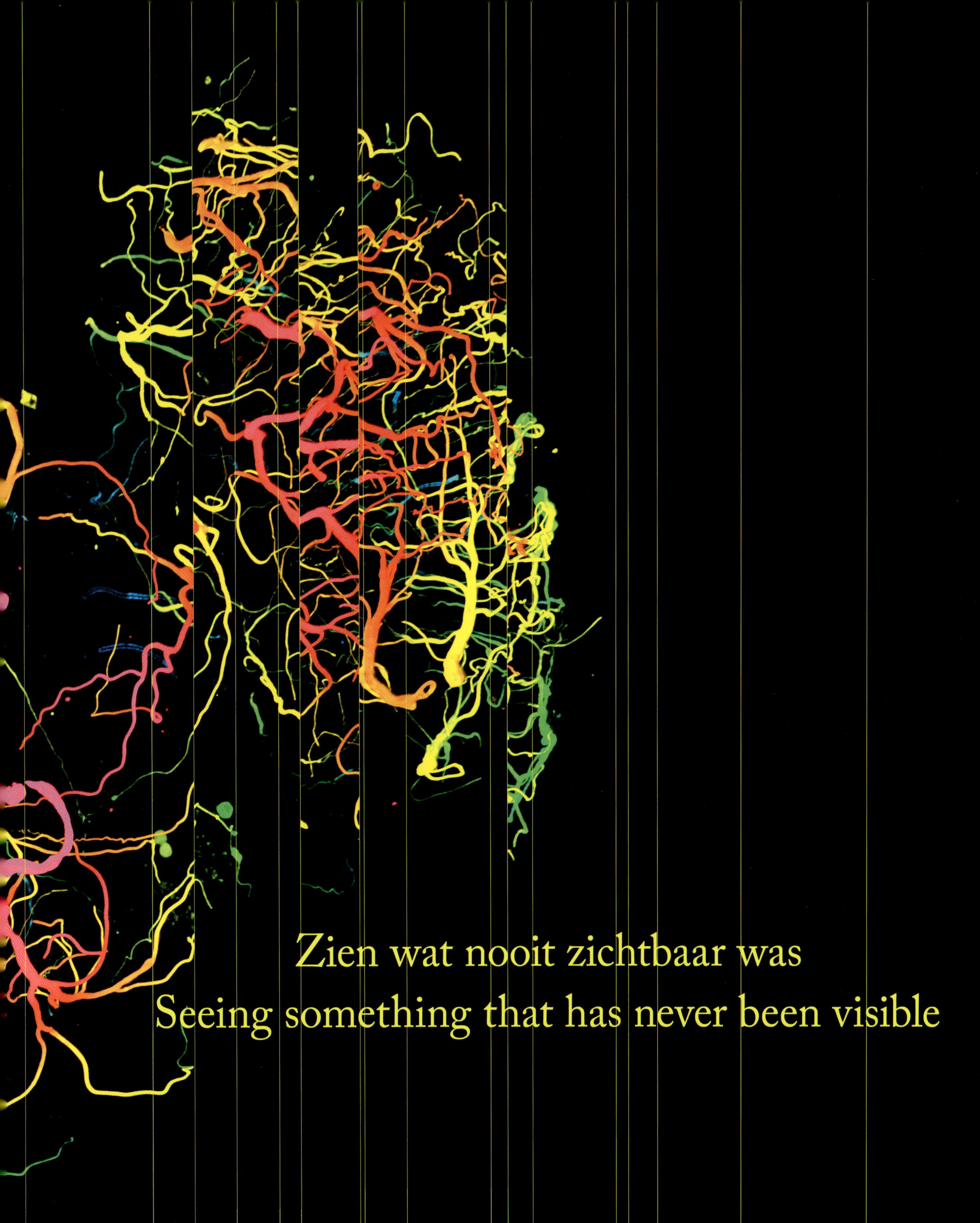
Zien wat nooit zichtbaar was
Seeing something that has never been visible

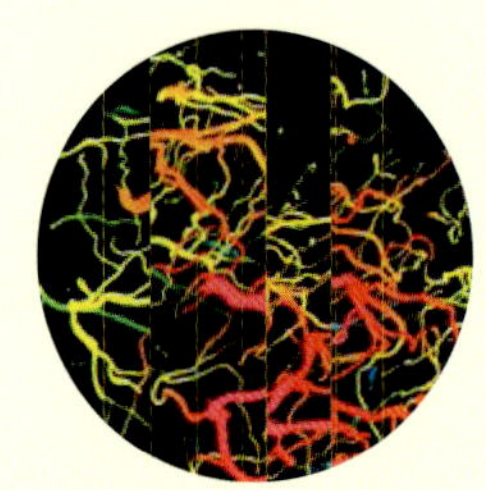

1. Zien wat nooit zichtbaar was

Stel je even voor hoe indrukwekkend het niet moet geweest zijn toen een nieuwsgierig 'chirurgijn' voor het eerst een brein blootlegde. Eeuwenlang was het gissen naar wat het brein nu precies was. Een grijze massa, ja, maar verder? Het zat verborgen achter de schedel, was moeilijk toegankelijk, en omgeven door – soms groteske – aannames en mythes. Wat we wisten, was gebaseerd op observatie, afleiding en verbeelding. Veel verbeelding, soms.

Het ontzag dat hand in hand gaat met nieuwe, baanbrekende beeldvorming, valt niet in woorden te vatten.

En vandaag? Ook al heeft het brein nog lang niet alle geheimen prijsgegeven, toch staan we in tegenstelling tot wat we eeuwen geleden wisten al heel wat verder. In de loop der tijd hebben we – net zoals het met de maanlanding betrof – heel wat *giant steps* genomen, zowel dankzij de niet-aflatende onderzoeksgulzigheid van wetenschappers, als door de vooruitgang in wat betreft apparatuur. Microscopen, scanners en driedimensionale reconstructies laten ons kijken tot op het niveau van individuele cellen en hun onderlinge verbindingen. We zien hoe netwerken ontstaan, hoe signalen stromen, hoe structuren zich vormen en veranderen in de tijd. Niet als stilstaande beelden, maar als levende systemen in beweging. Het brein is een universum, en wat voor een.

Het is net dat wat we in dit deel willen blootleggen: de ontwikkeling van de eerste anatomische tekeningen tot de meest geavanceerde beeldvormingstechnieken van vandaag. Niet als een triomftocht van technologie, maar als een zoektocht naar begrip. Want met elke ontdekking ontstaan nieuwe vragen. *A picture says more than a thousand words*, maar het ontzag dat hand in hand gaat met nieuwe, baanbrekende beeldvorming, valt soms niet in woorden te vatten. Enkel in een: wauw!

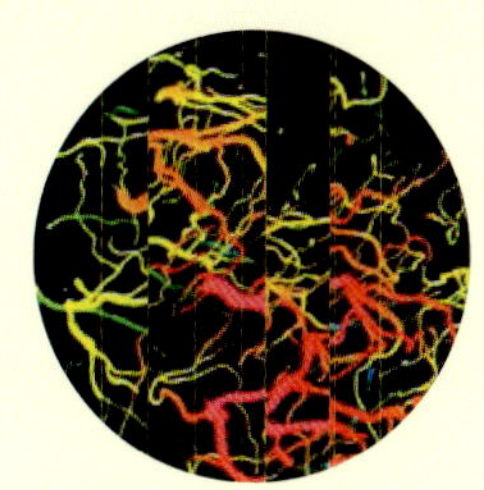

1. Seeing something that has never been visible

Imagine for a moment how impressive it must have been the first time a curious surgeon uncovered a brain. For centuries, people could only guess at what the brain was. Grey matter, yes, but what else? It was hidden behind the skull, difficult to access, and surrounded by – in some cases grotesque – assumptions and myths. What we did know was based on observation, supposition and imagination. In some cases, a lot of imagination.

How about today? The brain has not given up all its secrets by far, but we have made a lot of progress compared with what we knew centuries ago. Over time – like the landing on the moon – we have taken quite a few giant steps, thanks to scientists' relentless appetite for research and also due to advances in the equipment we have available. Microscopes, scanners and three-dimensional reconstructions allow us to look right down to the level of individual cells and the connections between them. We can see how networks emerge, how signals flow and how structures form and change over time. Not as still images, but as living, moving systems. The brain is a universe, and what a universe it is.

The awe that comes from new, ground-breaking imaging cannot be put into words.

This is precisely what we want to show you in this volume: the development from the first anatomical drawings to today's most advanced imaging techniques. Not as a triumph of technology, but as a quest for understanding. After all, every discovery raises new questions. A picture says more than a thousand words, but sometimes the awe that comes from new, ground-breaking imaging cannot be put into words. Or maybe just one: wow!

TERTIA SEPTIMI LIBRI *FIGURA.*

GEDETAILLEERDE ANATOMISCHE ILLUSTRATIES van het menselijk brein uit *De humani corporis fabrica* (1555, tweede editie) van Andreas Vesalius.

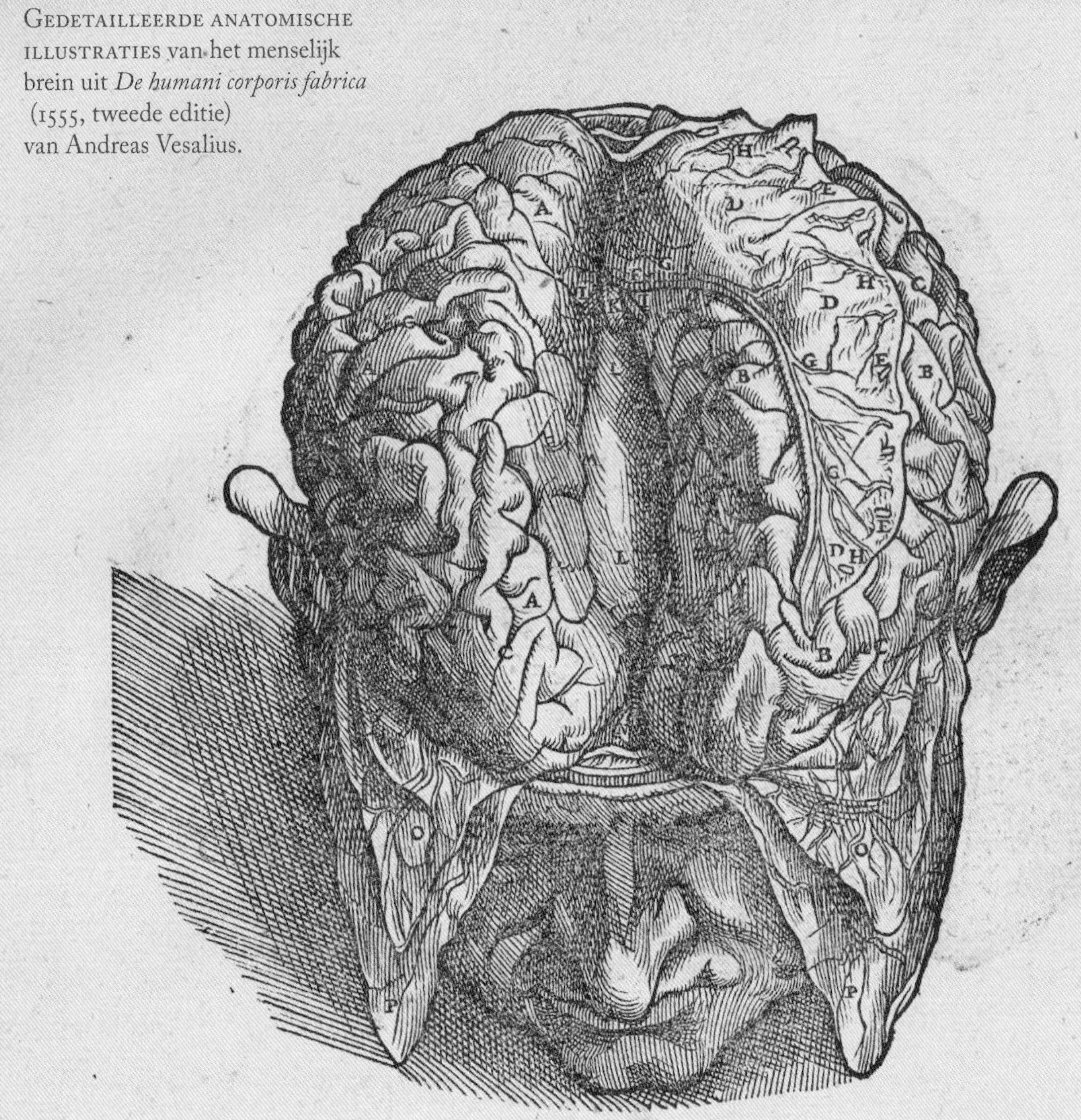

huius figuræ administratione id quoq; nobis faciendum fuerit, effracta eorum uasorum initia hic oculis subijciuntur.

F *Ductus, uenæ modo in humiliorem sedem duræ membranæ processus excurrens, qui dextram cerebri partem à sinistra disterminat: atq; hic ductus à quarto duræ membranæ sinus anteriori sede enascitur.*

G, G, G *Ductus iam antè F insigniti propagines, in eundem duræ mēbranæ processum aliquousq; sursum excurrentes.*

H, H, H *Surculi ab humiliori angulo tertij duræ membranæ sinus propagati in duræ membranæ processum, quo dextra cerebri pars à sinistra dirimitur.*

I, I *Principia sunt ductuum, qui à quarto duræ membranæ sinu, uenarum prorsus modo in tenuem cerebri membranam secundùm superiorem callosi corporis regionem perferuntur, hicq; unà cum tenui membrana sunt*

QVARTA SEPTIMI LIBRI
FIGVRA.

Detailed anatomical illustrations of the human brain from *De humani corporis fabrica* (1555, second edition) by Andreas Vesalius.

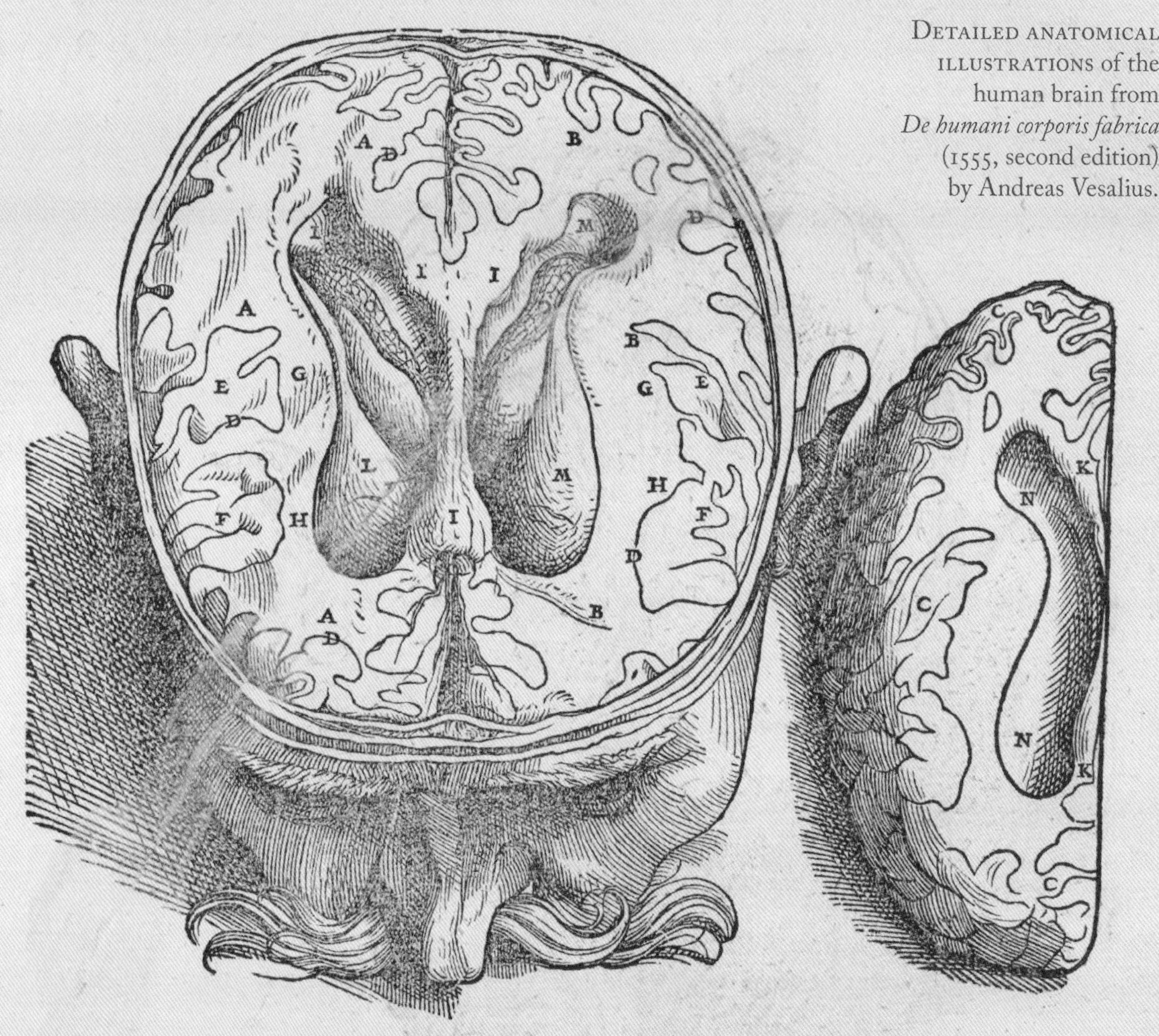

QVARTAE FIGVRAE, EIVSDEMQVE characterum Index.

In quarta figura omnes duræ tenuisq; membranarum partes, quæ in prioribus figuris occurrerunt, resecuimus: ac dein dextram sinistramq; cerebri portionem sectionis serie ita ademimus, ut iam cerebri uentriculi in conspectum uenire incipiant. ~~Primum namq;~~ secundùm dextrum callosi corporis latus, ubi sinus altero M in tertia figura notatus consistit, longam moliti sumus sectionem, quæ per dextrum cerebri uentriculum ducta, dextræ cerebri partis eam portionem abstulit, quæ supra sectionem habebatur, qua orbiculatim caluariam serra diuisimus. Atq; quum idem quoq; in sinistro latere absoluimus, sinistrā cerebri partem ita hic reposuimus, ut superiorē sinistri uentriculi sedem aliqua ex parte cōmonstret, calloso interim corpore in capite adhuc seruato.

A, A, A Cerebri adhuc in caluaria relicti pars dextra.

B, B, B Pars sinistra cerebri adhuc in caluaria relicti.

C, C, C Portio cerebri sinistra, quæ sectionis serie à reliquo cerebro ablata, hic resupina iacet.

D, D, D Lineæ partim cerebri anfractus, & partim uarium cerebri substantiæ colorem commonstrantes, quic-

Hoe Vesalius kunst en wetenschap verbond

Met menselijke dissecties corrigeerde Vesalius eeuwenoude misvattingen over het brein.

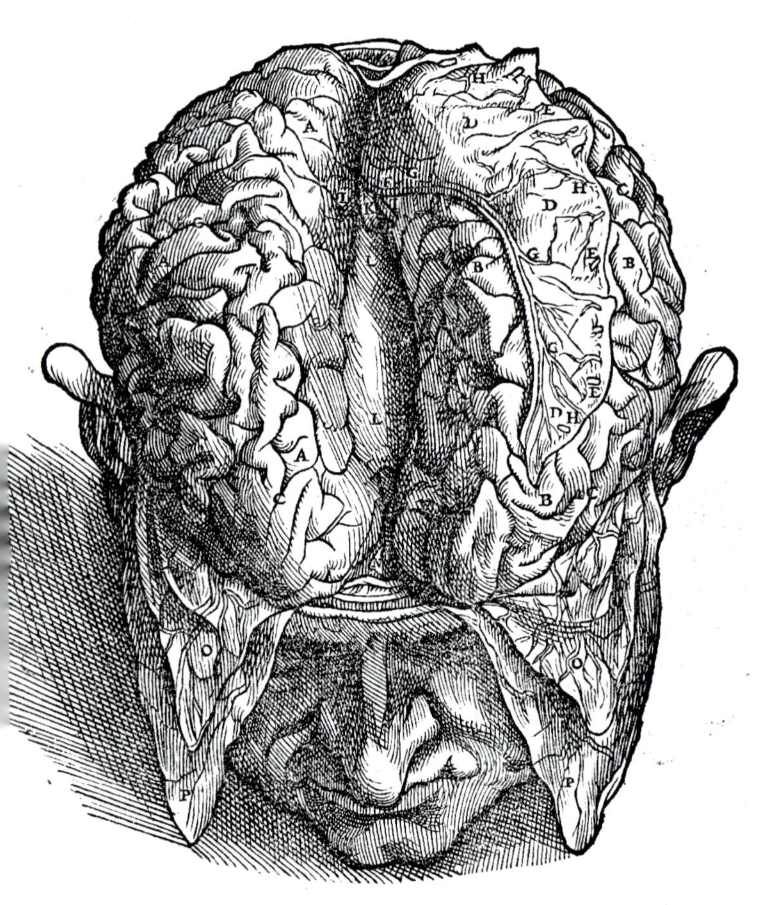

Vesalius, de grondlegger van de moderne anatomie, leverde een onschatbare bijdrage aan onze kennis van het menselijk brein. In een tijd waarin medische kennis grotendeels was gebaseerd op de geschriften van Galenus, een Romeinse arts uit de tweede eeuw, durfde Vesalius die inzichten kritisch te onderzoeken en te corrigeren. Galenus had zijn bevindingen voornamelijk gebaseerd op dierlijke dissecties, wat leidde tot onnauwkeurigheden in de menselijke anatomie. Zo geloofde hij bijvoorbeeld in het bestaan van het *rete mirabile*, een complex netwerk van bloedvaten aan de basis van de hersenen, dat enkel bij dieren voorkomt. Vesalius weerlegde dit door nauwgezette observaties tijdens menselijke dissecties, waarmee hij de medische wetenschap dichter bij de realiteit bracht.

In het zevende boek van zijn meesterwerk *De humani corporis fabrica* (1543) beschreef hij het brein als 'de oorsprong van gewaarwording, vrijwillige beweging en het opperste geestelijke vermogen'. Daarmee plaatste hij de hersenen centraal, in tegenstelling tot Aristoteles, die het hart als zetel van emoties en zintuiglijke waarneming beschouwde.

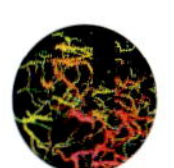

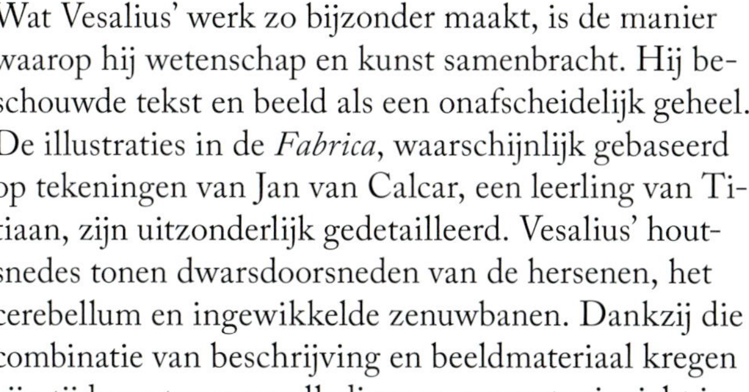

Wat Vesalius' werk zo bijzonder maakt, is de manier waarop hij wetenschap en kunst samenbracht. Hij beschouwde tekst en beeld als een onafscheidelijk geheel. De illustraties in de *Fabrica*, waarschijnlijk gebaseerd op tekeningen van Jan van Calcar, een leerling van Titiaan, zijn uitzonderlijk gedetailleerd. Vesalius' houtsnedes tonen dwarsdoorsneden van de hersenen, het cerebellum en ingewikkelde zenuwbanen. Dankzij die combinatie van beschrijving en beeldmateriaal kregen zijn tijdgenoten een vollediger en concreter inzicht in de menselijke anatomie.

Vesalius wist dat zijn werk niet alleen voor collega-anatomen belangrijk was, maar ook voor toekomstige generaties. Hoewel sommige termen, zoals 'testikels' voor bepaalde hersenstructuren, vandaag archaïsch lijken, getuigt zijn werk van een pioniersgeest die praktijk boven theorie stelde.

How Vesalius brought together art and science

Vesalius, the founder of modern anatomy, made an invaluable contribution to our knowledge of the human brain. At a time when medical knowledge was largely based on the writings of Galen, a second-century Roman physician, Vesalius had the courage to examine his insights critically and correct them. Galen had based his findings mainly on animal dissections, which gave rise to inaccuracies in human anatomy. For example, he believed in the existence of the *rete mirabile*, a complex network of blood vessels at the base of the brain that is only found in animals. Vesalius refuted this through close observation of human dissections, bringing medical science closer to reality.

In the seventh book of his masterpiece *De humani corporis fabrica* (1543), he described the brain as "the origin of sensation, voluntary movement and the highest power of the mind". In doing so, he placed the brain at the centre, unlike Aristotle, who viewed the heart as the seat of the emotions and sensory perception.

What makes the work of Vesalius so remarkable is the way he brought art and science together. He saw text and image as an inseparable whole. The illustrations in his *Fabrica*, probably based on drawings by Jan van Calcar, a student of Titian, are exceptionally detailed. Vesalius' woodcuts show cross-sections of the brain, the cerebellum and intricate nerve pathways. This combination of description and imagery gave his contemporaries a fuller and more concrete understanding of human anatomy.

Vesalius knew that his work was important not only to fellow anatomists, but also to future generations. Although some of the terms he used for structures in the brain, such as 'testicles', might seem archaic today, his work demonstrates a pioneering mind who put practice ahead of theory.

> Through human dissections, Vesalius challenged long-held anatomical misconceptions.

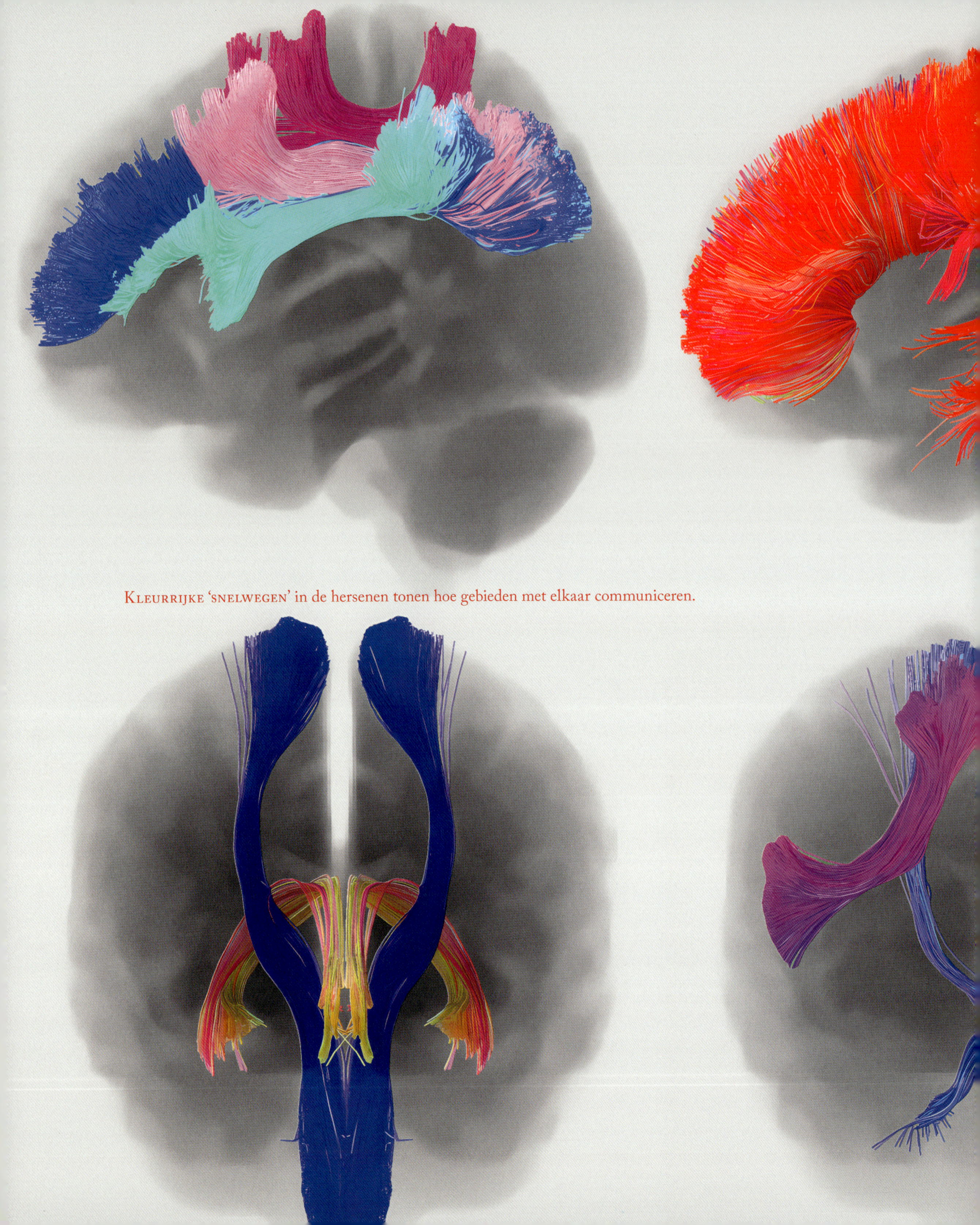

Kleurrijke 'snelwegen' in de hersenen tonen hoe gebieden met elkaar communiceren.

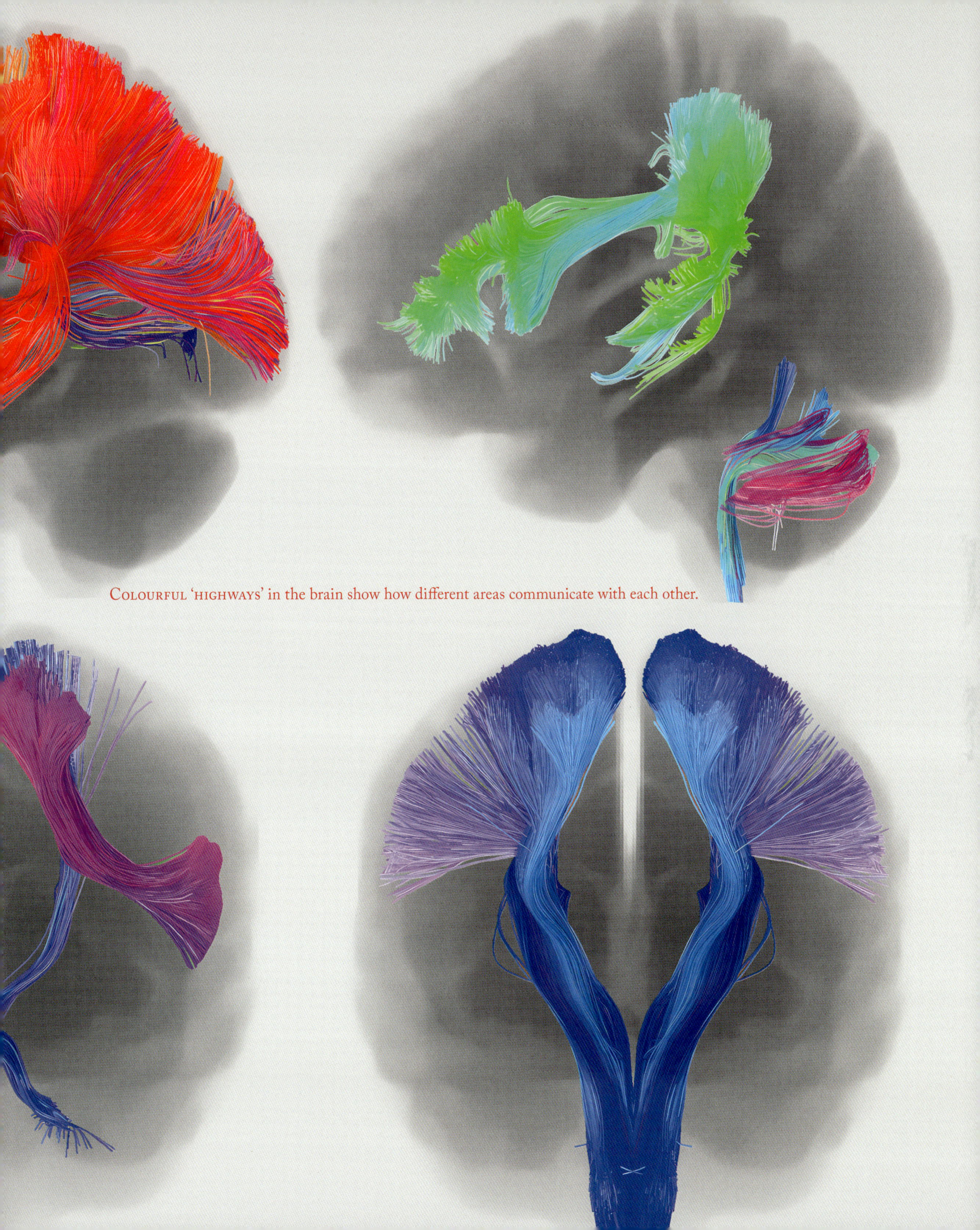

Colourful 'highways' in the brain show how different areas communicate with each other.

Wittestofbanen

INTRIGEREND HOE verschillende gebieden in de hersenen met elkaar verbonden zijn. De kleurrijke lijnen vertegenwoordigen zenuwbanen, ook wel wittestofbanen genoemd. Ze werken als snelwegen die signalen tussen hersengebieden versturen en zijn essentieel voor alles wat we doen: van denken en bewegen tot voelen en onthouden.

Dit beeld is gemaakt met een speciale MRI-techniek genaamd tractografie die de verplaatsing van watermoleculen in de hersenen in kaart brengt. Door de richting van waterdiffusie langs zenuwvezels te meten kunnen we de structuur en verbindingen van de hersenen visualiseren. De software Fun With Tracts, ontwikkeld door onderzoekers van het translationele MRI-lab van KU Leuven, helpt bij het in beeld brengen van deze netwerken.

De techniek wordt gebruikt om te onderzoeken hoe de hersenen tijdens het leven veranderen en wat er misgaat bij aandoeningen zoals alzheimer en depressie. Wanneer verbindingen beschadigd raken, kan dat leiden tot problemen met geheugen, stemming of beweging. Tractografie vindt ook toepassingen in de neurochirurgie. Dankzij deze hersenkaarten kunnen chirurgen veiliger opereren, bijvoorbeeld bij hersentumoren, door belangrijke zenuwbanen te ontwijken en zo schade aan essentiële functies te voorkomen.

> Wittestofbanen werken als snelwegen die signalen tussen hersengebieden versturen en zijn essentieel voor alles wat we doen.

Door deze hersenverbindingen beter te begrijpen, hopen we snellere diagnoses en effectievere behandelingen te ontwikkelen voor hersenaandoeningen. Elke stap in dit onderzoek brengt ons dichter bij betere zorg voor patiënten.

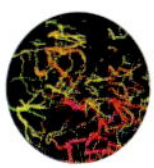

White Matter Atlas

White matter pathways act as highways that transmit signals between brain regions, and they are essential for everything we do.

It is intriguing how different areas of the brain are connected. The coloured lines represent nerve pathways, also known as white matter pathways. These act as highways that transmit signals between brain regions, and they are essential for everything we do: from thinking and moving to feeling and remembering.

This image was created using a special MRI technique called tractography that maps the movement of water molecules in the brain.[1,2] By measuring the direction of water diffusion along nerve fibres, we can visualise the structure and connections in the brain. The Fun With Tracts software package[3] developed by researchers at KU Leuven's translational MRI lab, helps to image these networks.

The technique is used to study the changes in the brain over a lifetime and what goes wrong in conditions such as Alzheimer's disease and depression. When connections are damaged, this can lead to problems with memory, mood or movement. Tractography also has applications in neurosurgery. These brain maps allow surgeons to operate more safely, for example in brain tumours, by avoiding important nerve pathways to avoid damage to essential functions.

We hope that a better understanding of these connections within the brain will lead to faster diagnoses and more effective treatment for brain disorders. Every step in this research brings us closer to better care for patients.

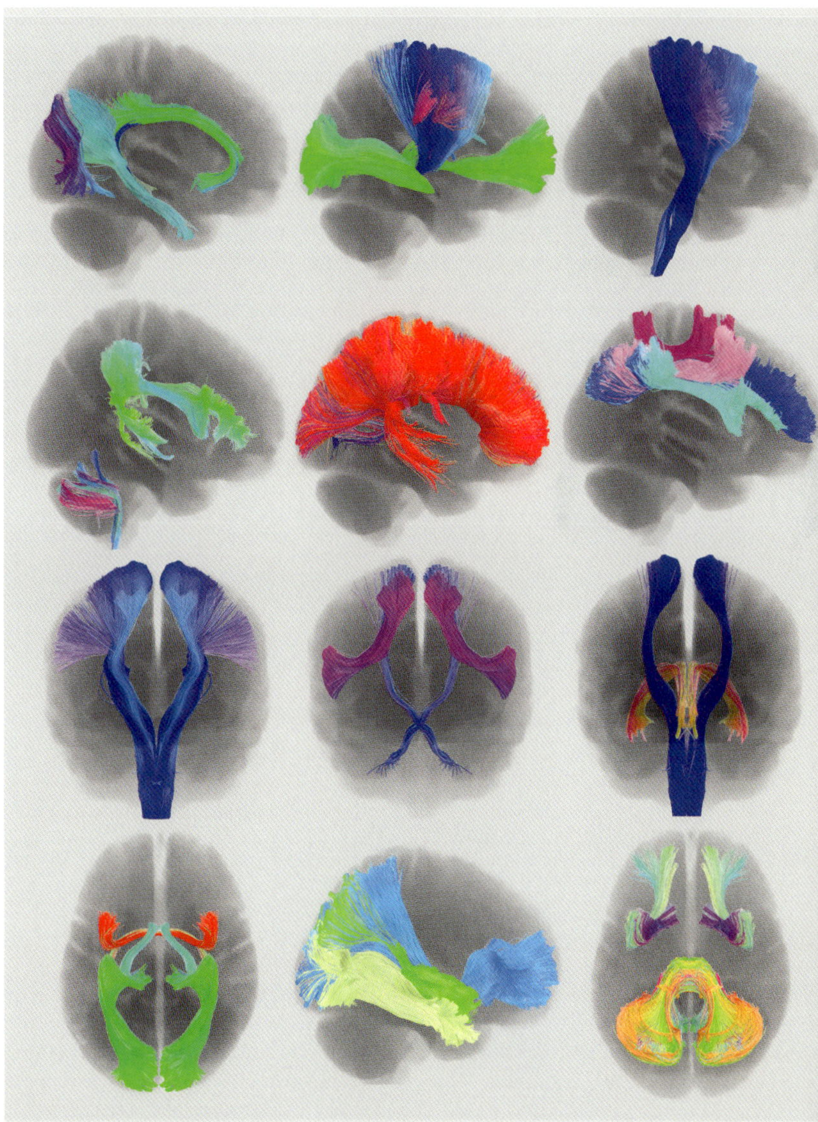

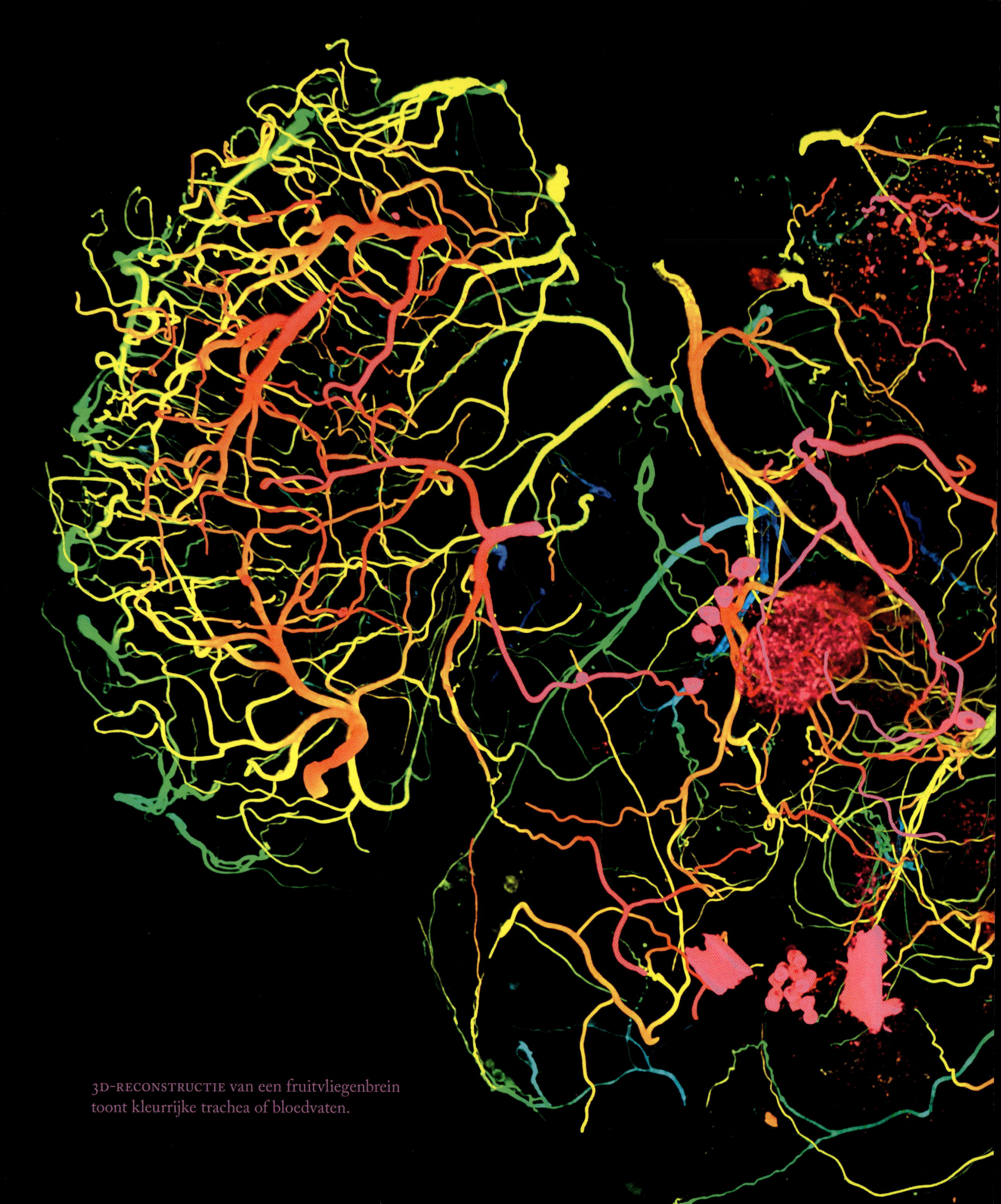

3D-RECONSTRUCTIE van een fruitvliegenbrein toont kleurrijke trachea of bloedvaten.

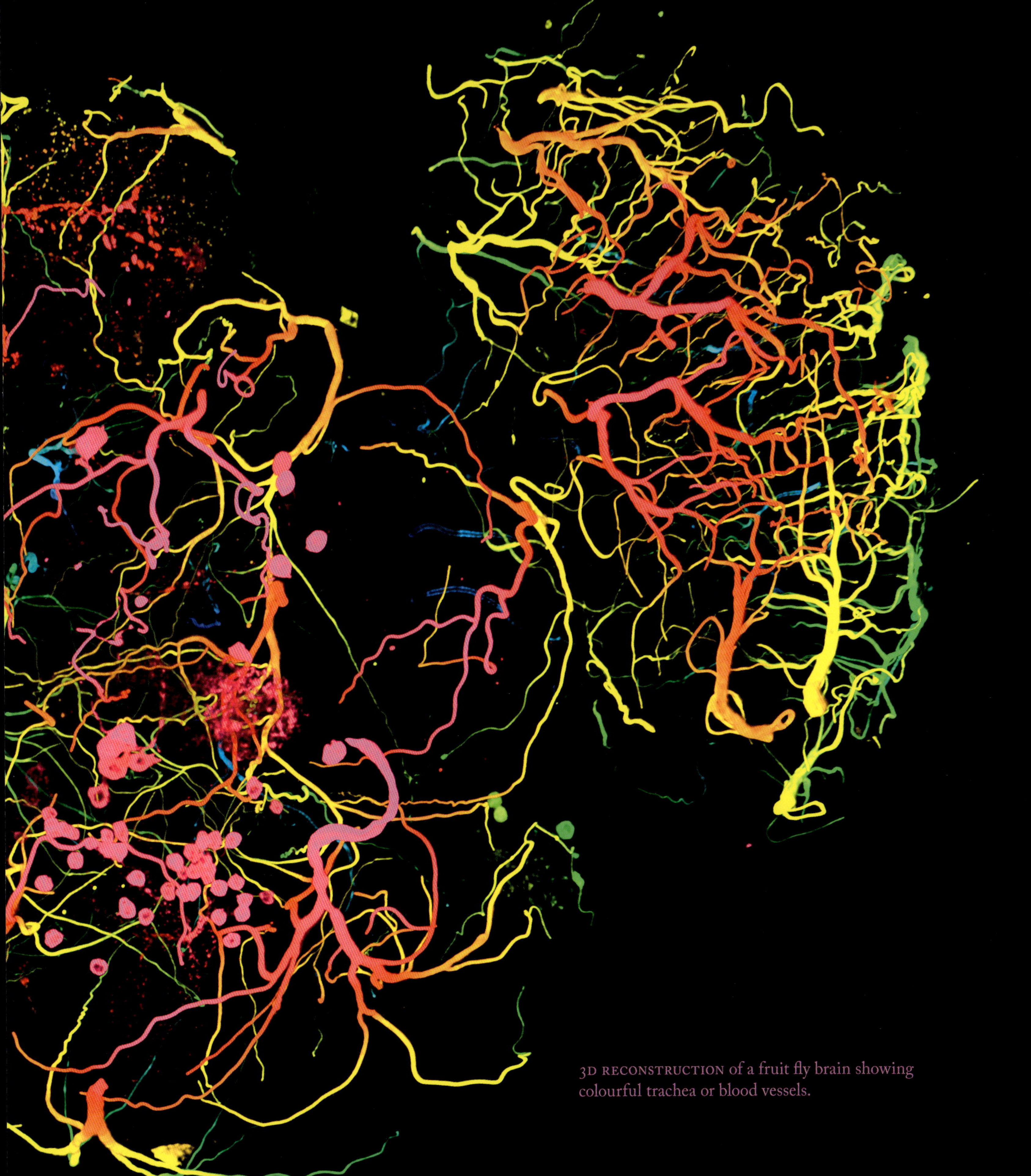

3D RECONSTRUCTION of a fruit fly brain showing colourful trachea or blood vessels.

> Slaapstoornissen worden in verband gebracht met ziekten zoals parkinson en alzheimer.

Kunst of biologie? Een fruitvliegen-brein in 3D

Je zou kunnen denken dat dit een werk is van de Amerikaanse kunstenaar Jackson Pollock, maar het is een verbluffende 3D-reconstructie van het brein van een fruitvlieg. De complexe structuren zijn de trachea of 'bloedvaten' van het brein, die zuurstof en gassen door het brein transporteren. De kleuren geven verschillende dieptelagen aan: rood licht bevindt zich dicht bij het oppervlak, groen ligt dieper. Het resultaat doet denken aan abstracte kunst, maar heeft wel degelijk wetenschappelijke betekenis.

Dit beeld ontstond tijdens een test met een nieuwe microscoop. Onderzoekers gebruikten fluorescentietechnieken om de trachea zichtbaar te maken en ontdekten per toeval dat een bepaald kanaal de structuren zonder extra kleuring duidelijker toonde. Die toevalstreffer bleek wetenschappelijk waardevol en maakte een gedetailleerde 3D-reconstructie van de trachea mogelijk.

Onderzoekers gebruiken deze technieken om te bestuderen hoe de trachea van het fruitvliegenbrein verandert bij een normaal versus een abnormaal slaappatroon. Hoewel het onderzoek zich richt op fruitvliegen, biedt het inzichten voor menselijk hersenonderzoek. Bepaalde hersengebieden in fruitvliegen vertonen namelijk overeenkomsten met de menselijke hersenschors. Slaapstoornissen worden in verband gebracht met ziekten zoals parkinson en alzheimer, vaak al jaren voor de eerste symptomen. Door te begrijpen hoe slaap de bloedvoorziening beïnvloedt, kunnen onderzoekers nieuwe inzichten krijgen in het belang van slaap voor een gezond brein. De eenvoud van fruitvliegonderzoek maakt het bovendien een efficiënte en schaalbare methode.

Deze toevallige ontdekking illustreert de kracht van serendipiteit in wetenschap. Fundamentele ontdekkingen beginnen vaak met onverwachte observaties, en kunnen de basis vormen voor toekomstige behandelingen en therapieën.

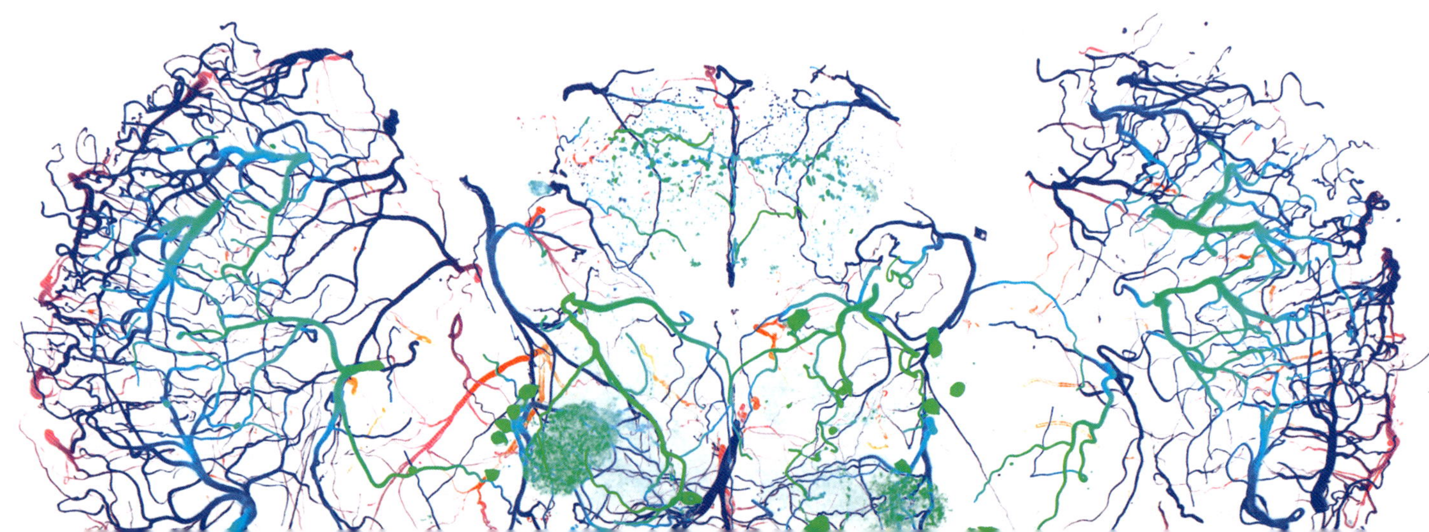

Art or biology? A fruit fly brain in 3D

Sleep disorders are associated with diseases such as Parkinson's and Alzheimer's.

THIS MIGHT LOOK LIKE a work by American artist Jackson Pollock, but it is in fact a stunning 3D reconstruction of the brain of a fruit fly. The complex structures are the trachea or 'blood vessels' of the brain, which transport oxygen and gases around the brain. The colours indicate different depth layers: red light is close to the surface, while green is deeper. The result is reminiscent of abstract art, but it does have scientific significance.

This image was created during a test on a new microscope. Researchers used fluorescence techniques to visualise the trachea and accidentally discovered that a particular channel showed the structures more clearly with no additional staining. This chance finding has proved scientifically valuable, making it possible to create a detailed 3D reconstruction of the trachea.

Researchers are using these techniques to study how the trachea of the fruit fly brain changes during normal sleep compared to abnormal sleep patterns. Although the research focuses on fruit flies, it offers insights for research into the human brain. Some brain regions in fruit flies do in fact share similarities with the human cerebral cortex. Sleep disorders are associated with diseases such as Parkinson's disease and Alzheimer's disease, often years before the first symptoms appear. By understanding how sleep affects blood supply, researchers may gain new insights into the importance of sleep for a healthy brain. The simplicity of research in fruit flies also makes it an efficient and scalable method.

This chance discovery illustrates the power of serendipity in science. Fundamental discoveries often begin with unexpected observations, and can then form the basis for future treatments and therapies.

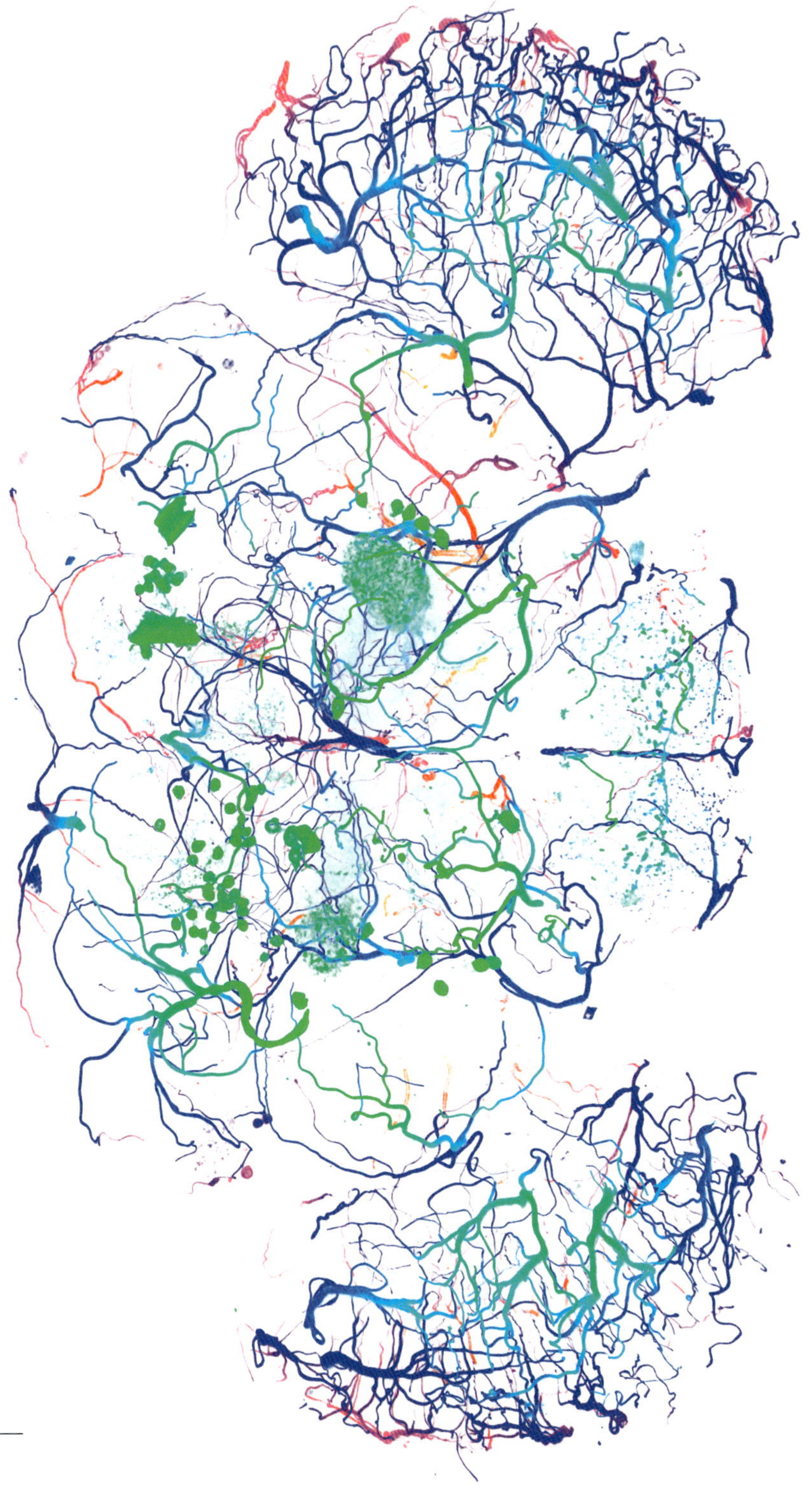

Een patiënt met een hersentumor ondergaat een mri-scan. Deze procedure helpt chirurgen om belangrijke hersengebieden, zoals die voor taal (rood) en beweging (blauw-groen), in kaart te brengen. Ook zenuwbundels (paars, groen, blauw) worden zichtbaar gemaakt, zodat de operatie veiliger verloopt.

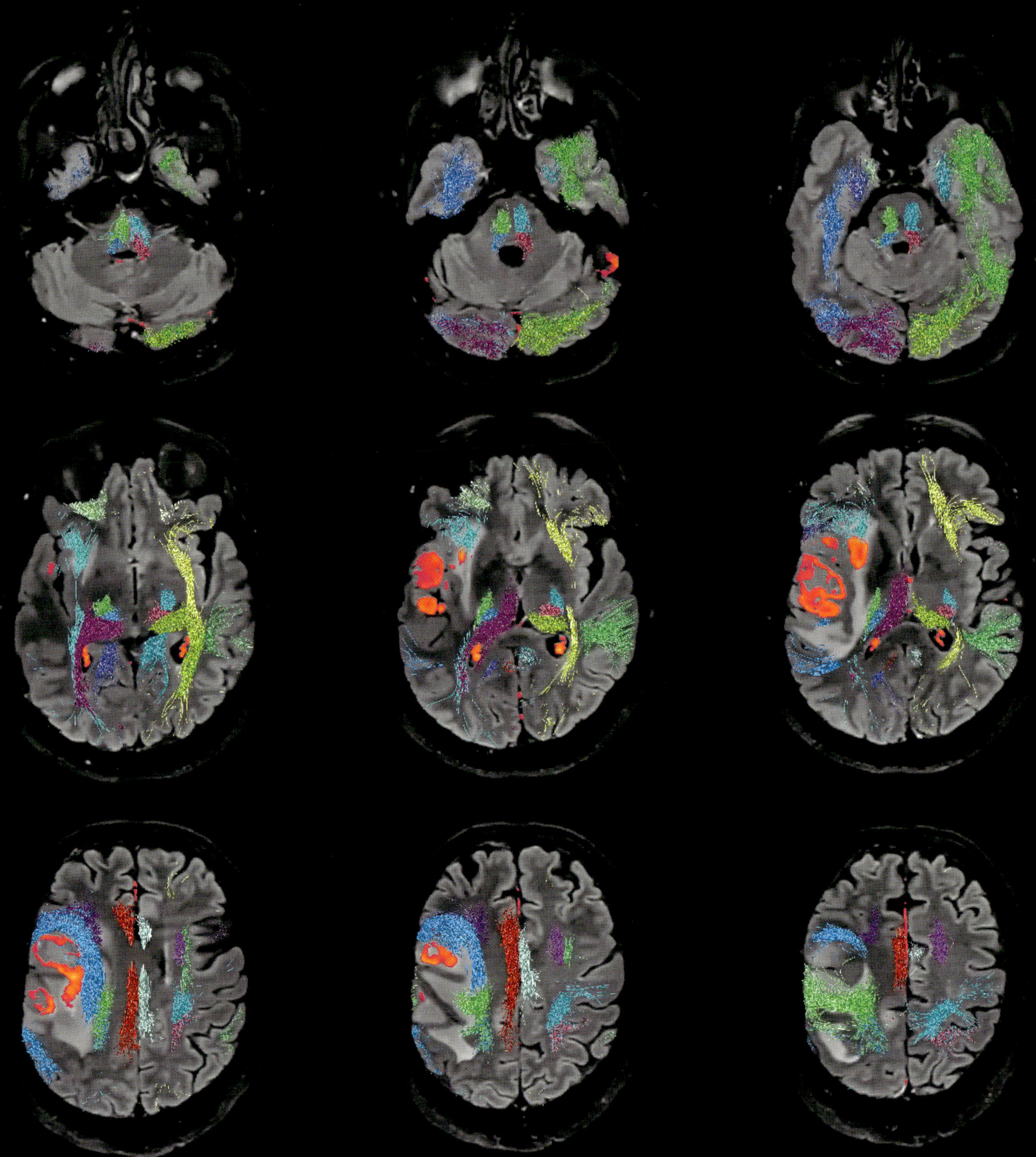

A patient with a brain tumour undergoes an MRI scan. This procedure helps surgeons to map key brain regions, such as those that control language (red) and movement (blue-green). Nerve bundles (purple, green, blue) are also visualised to make the operation safer.

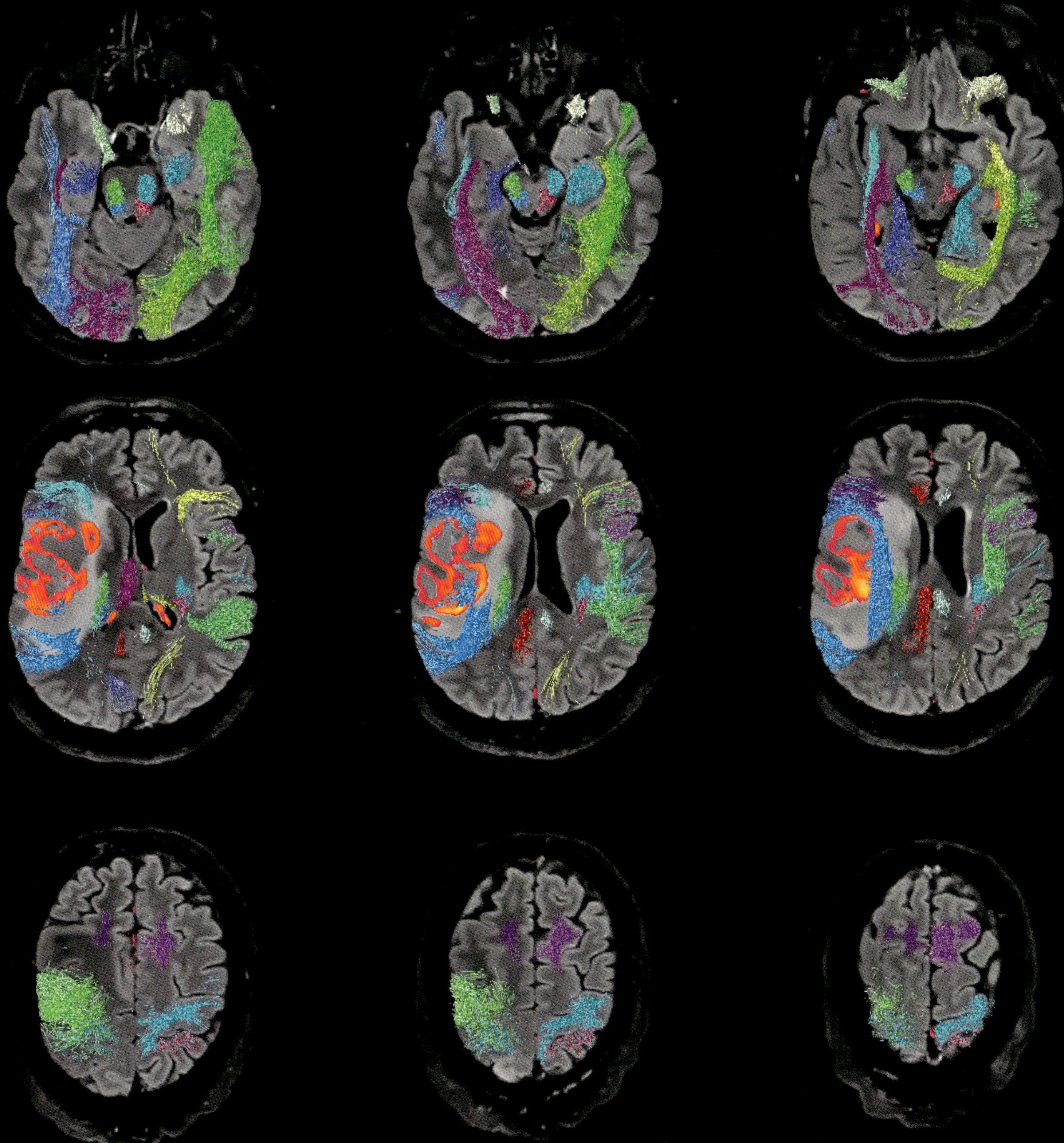

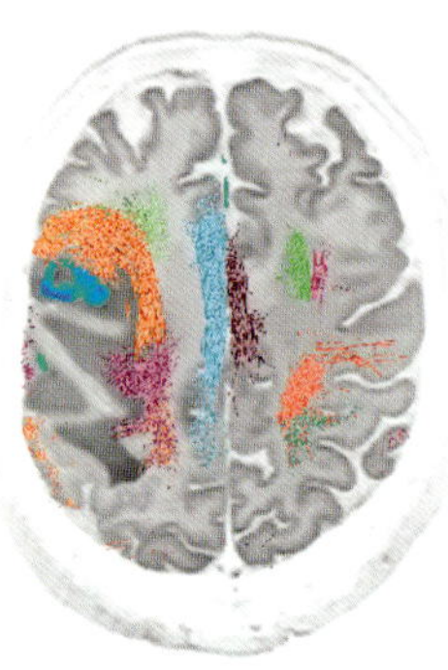

> MRI gebruikt sterke magneten en radiogolven om gedetailleerde hersenbeelden te maken, zonder schadelijke straling.

De magneet ontbloot het brein:

MRI

MRI (*magnetic resonance imaging*) gebruikt sterke magneten en radiogolven om gedetailleerde hersenbeelden te maken, zonder schadelijke straling. De techniek werkt door waterstofatomen in het lichaam te manipuleren en de signalen die ze uitzenden te registreren. Dit levert niet alleen anatomische beelden op; functionele MRI (fMRI) meet hersenactiviteit in real time, terwijl diffusie-MRI (dMRI) helpt om de vezelverbindingen tussen hersengebieden in kaart te brengen. Dit geeft inzicht in hoe het brein werkt, zowel bij gezonde mensen als bij mensen met neurologische aandoeningen.

In het translationele MRI-lab ligt de focus op de studie van technieken die kunnen helpen om hersenziekten zoals epilepsie, beroertes en tumoren te begrijpen en te behandelen. Het resulteerde bijvoorbeeld al in de ontwikkeling van *resting-state* fMRI, waarmee men hersenactiviteit meet zonder actieve deelname van de patiënt. Een heuse doorbraak voor mensen die niet in staat zijn om taken uit te voeren in de scanner, zoals kinderen of mensen met neurologische aandoeningen.

MRI heeft al een revolutie teweeggebracht in de manier waarop we de hersenen bestuderen, maar de technologie blijft zich verder ontwikkelen. Zo helpt AI al om MRI-beelden sneller en nauwkeuriger te analyseren, wat leidt tot snellere diagnoses en gepersonaliseerde behandelingen. Dankzij MRI kunnen we hersenziekten beter begrijpen, behandelingen verfijnen en zelfs nieuwe therapieën ontwikkelen. Dit maakt de techniek niet alleen waardevol voor wetenschappelijk onderzoek, maar ook voor de medische praktijk, waar ze een steeds grotere rol speelt in de zorg voor patiënten met neurologische aandoeningen.

The magnet that exposes the brain: MRI

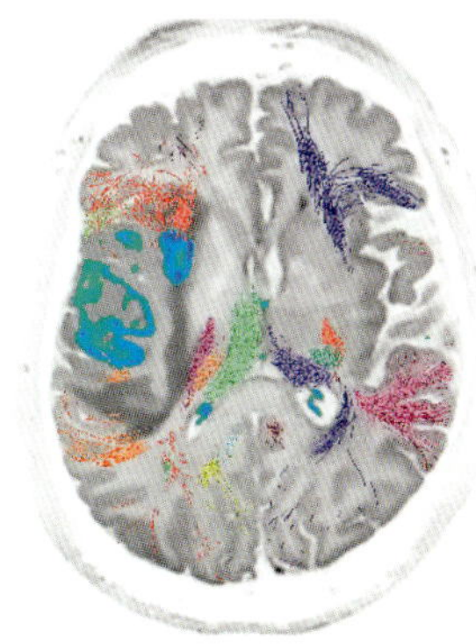

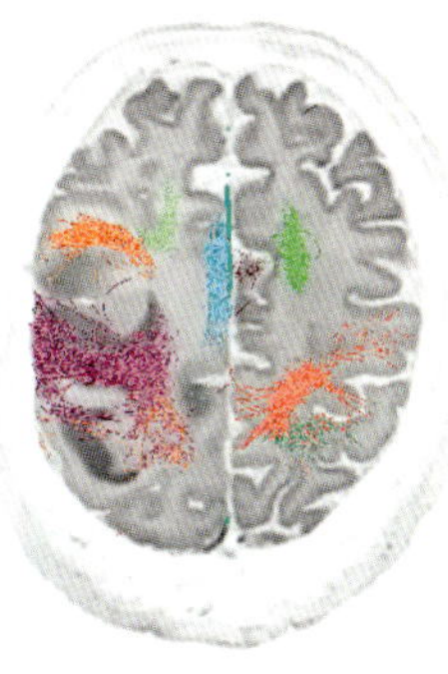

MRI (*magnetic resonance imaging*) uses strong magnets and radio waves to create detailed images of the brain without using harmful radiation. The technique works by manipulating hydrogen atoms in the body and recording the signals they emit. This not only provides anatomical images; functional MRI (fMRI) measures brain activity in real time, while diffusion MRI (dMRI) helps to map the fibres that create connections between different parts of the brain, giving us insights into how the brain works, both in healthy people and in those with neurological disorders.

In the translational MRI lab, the focus is on studying techniques that can help us to understand and treat brain diseases such as epilepsy, strokes and tumours. For example this has already resulted in the development of *resting-state* fMRI, which measures brain activity without active patient participation. It is a real breakthrough for people who are unable to perform tasks in the scanner, such as children or people with neurological disorders.

> MRI uses strong magnets and radio waves to create detailed images of the brain without using harmful radiation.

MRI has already revolutionised the way we study the brain, and the technology is still evolving. For example, AI is now helping us to analyse MRI images faster and more accurately, leading to more rapid diagnoses and personalised treatments. Thanks to MRI, we can understand brain diseases better, refine treatments and even develop new therapies. This means the technique is valuable not only for scientific research, but also for medical practice, where it is playing an increasing role in the care of patients with neurological disorders.

PET-SCAN VAN DOPAMINETRANSPORTEREIWITTEN, een maat voor hoeveel dopamine aanwezig is, een signaalstof die zeer belangrijk is om onder andere bewegingen te kunnen sturen. Links: gezond persoon, rechts: patiënt met ziekte van Parkinson met pas beginnende bewegingssymptomen, waarbij een zeer groot deel dopamineproductie verloren is. – SUVR = maat voor binding van de met radioactief 18-fluor gemerkte PET-tracer ($[^{18}F]$-FE-pe21).

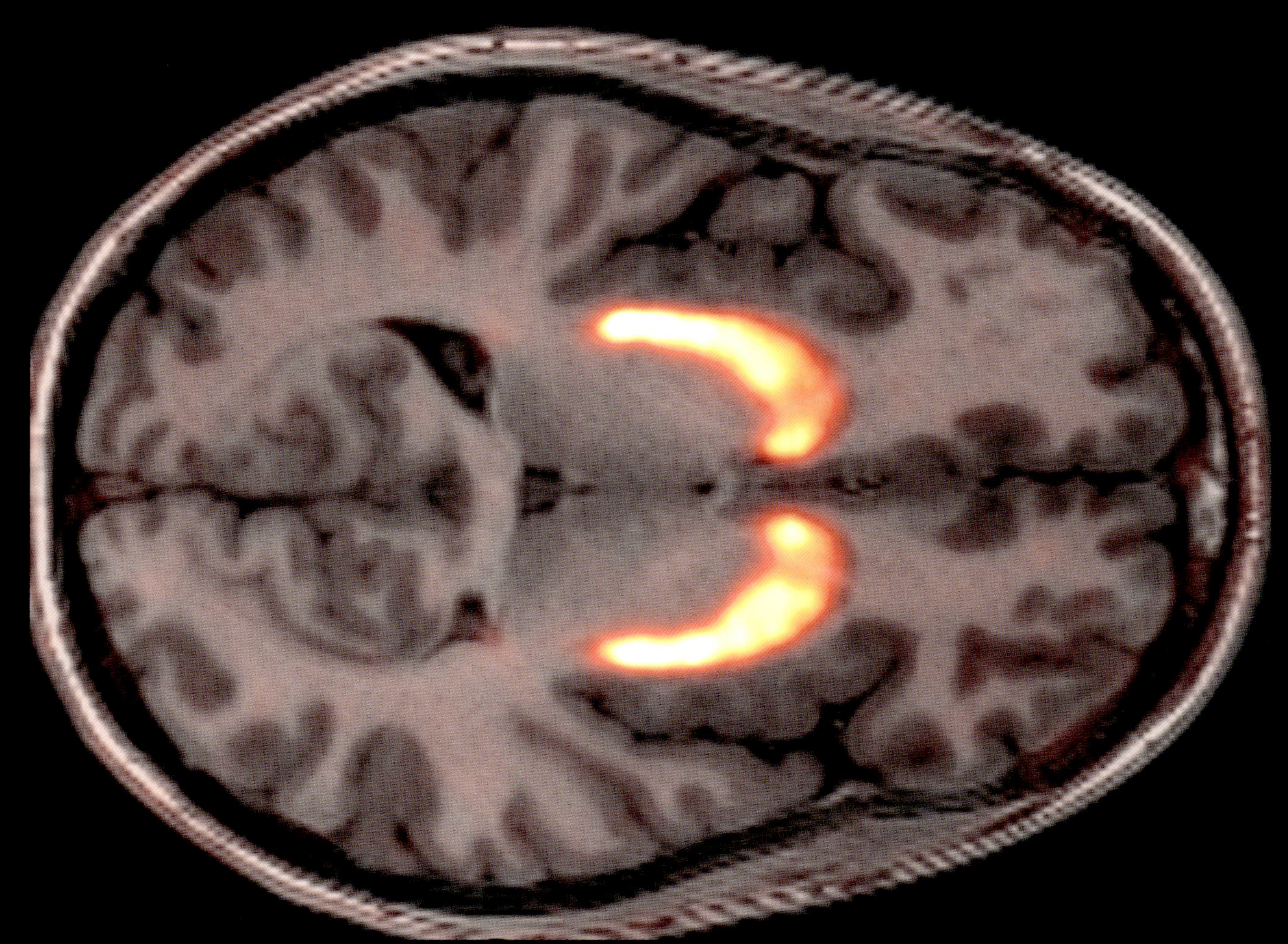

PET SCAN OF DOPAMINE TRANSPORTER PROTEINS, measuring the amount of dopamine present. Dopamine is a signalling molecule that is very important for controlling movements, among other things. Left: a healthy person, right: a patient with Parkinson's disease who has early movement symptoms with loss of a very large proportion of dopamine production. – SUVR = measure of binding radioactive 18-fluorine marked PET tracer ($[^{18}F]$-FE-pe21).

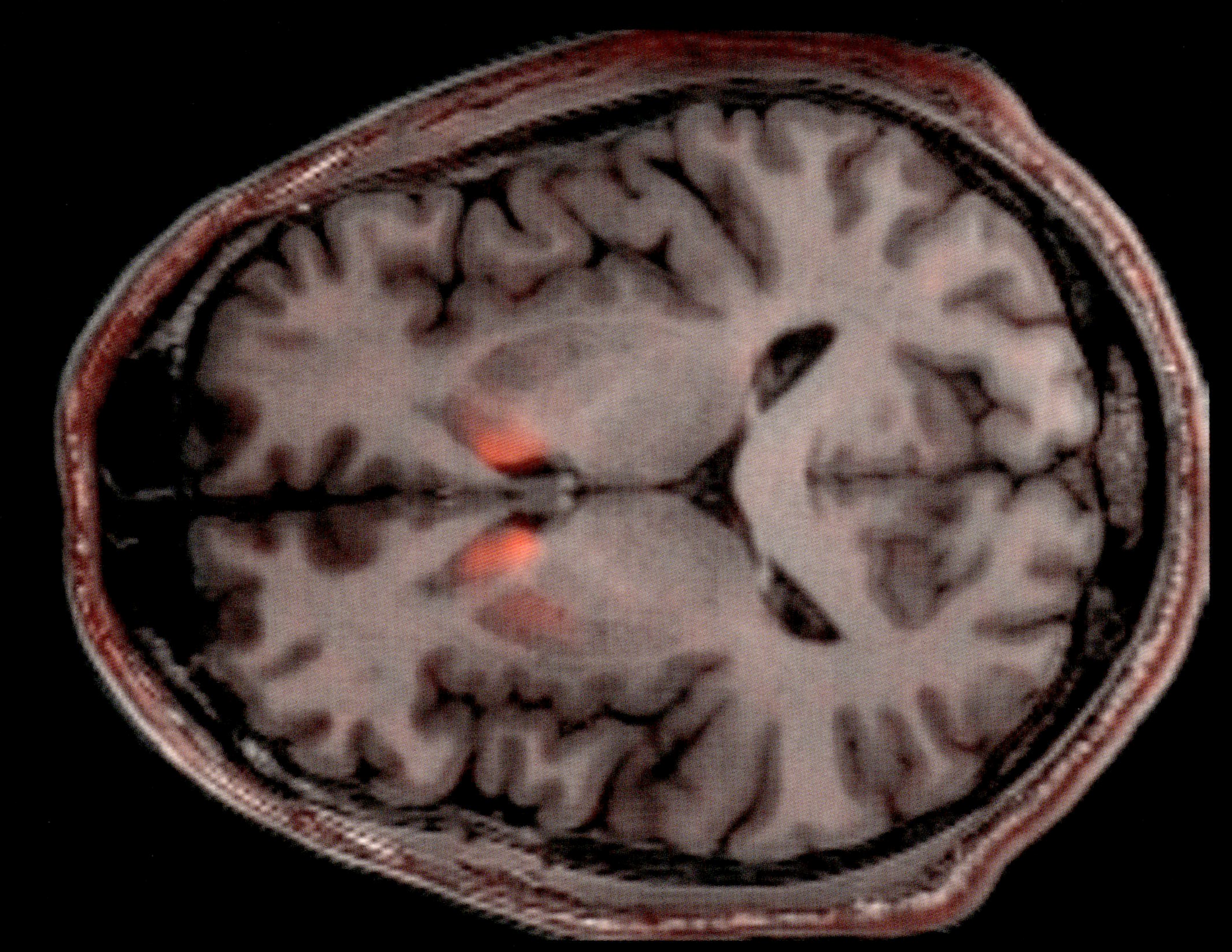

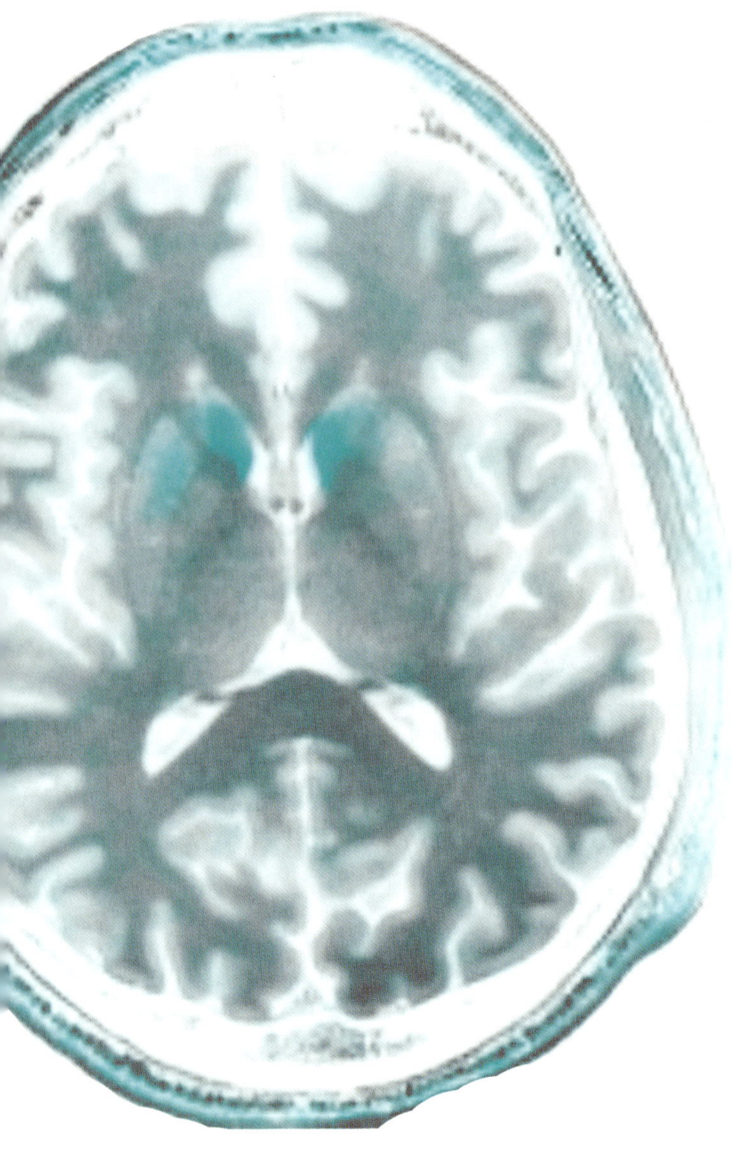

$E=mc^2$ in het brein: nucleaire beeldvorming

Nucleaire geneeskunde lijkt op het eerste gezicht iets uit een sciencefictionfilm. Maar in de praktijk maakt de technologie van in het bijzonder PET (positronemissietomografie) het mogelijk om diep in het brein te kijken op moleculair niveau en hersenaandoeningen zoals de ziekte van Alzheimer en Parkinson in een zeer vroeg stadium te detecteren.

Een indrukwekkende staaltje techniek, dat is de PET-scanner. Via een injectie van minuscule hoeveelheden radioactief gemerkte moleculen, die zich in de hersenen aan specifieke doelwitten hechten of opgenomen worden, kunnen artsen precies zien waar je hersenen actief zijn of waar afwijkingen zitten, soms zelfs vele jaren voordat je klachten ontwikkelt.

Vroeger kon alzheimer pas na overlijden definitief worden vastgesteld door hersenweefsel te analyseren. Nu kunnen we deze veranderingen bij levende patiënten observeren, wat leidt tot eerdere en nauwkeurigere diagnoses. Naast alzheimer wordt PET-hersenbeeldvorming gebruikt om de diagnose van andere neurologische aandoeningen zoals epilepsie of de ziekte van Parkinson te bestuderen, en – naast de studie van het normaal functioneren van het brein en het zenuwstelsel – ook psychiatrische aandoeningen.

Met PET-scans kunnen onderzoekers bijvoorbeeld de neerslag van amyloïde of tau meten, wat inzicht geeft in het stadium van alzheimer. En, de technologie evolueert heel snel: de nieuwste hersen-PET-scanner die in Leuven operationeel is sinds 2025, biedt een resolutie tot anderhalve millimeter. Dat is maar liefst twintig keer scherper detail dan de huidige PET.

> Met PET kunnen artsen afwijkingen zien, soms zelfs vele jaren voordat je klachten ontwikkelt.

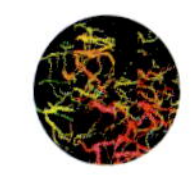

De volgende stap is het gebruik van kunstmatige intelligentie (AI), die afwijkingen nog sneller en nauwkeuriger kan detecteren en artsen kan helpen bij diagnoses. Terwijl de technologie zich blijft ontwikkelen, zal PET-beeldvorming een sleutelrol blijven spelen in het ontrafelen van de mysteries van het brein en het ontwikkelen van betere behandelingen voor neurologische en psychiatrische aandoeningen.

> With PET, doctors can detect abnormalities – sometimes many years before you develop symptoms.

$E=mc^2$ in the brain: nuclear imaging

At first glance, nuclear medicine looks like something out of a science fiction film. In practice, however, PET (positron emission tomography) is a technology that makes it possible to look deep into the brain at the molecular level and detect brain disorders such as Alzheimer's disease and Parkinson's disease at a very early stage.

The PET scanner is an impressive feat of engineering. After injecting tiny amounts of radioactively labelled molecules that attach to or absorb specific targets in the brain, doctors can see exactly where your brain is active or where abnormalities are, in some cases many years before you develop symptoms.

In the past, Alzheimer's disease could only be definitively diagnosed after death by analysing brain tissue. Now we can observe these changes in living patients, leading to earlier and more accurate diagnoses. As well as Alzheimer's, PET brain imaging is used to study the diagnosis of other neurological disorders such as epilepsy or Parkinson's disease, and also psychiatric disorders, as well as studying the normal functioning of the brain and nervous system.

Using PET scans, researchers can measure the precipitation of amyloid or tau proteins, providing insights into the progression of Alzheimer's disease. This technology is also evolving very fast: the latest brain PET scanner, which has been operational in Leuven since 2025, offers a resolution as high as one and a half millimetres. That provides detail that is an astonishing 20 times sharper than existing PET scanners.

The next step is the use of artificial intelligence (AI), which can detect abnormalities even more quickly and accurately and help doctors with diagnoses. As the technology continues to develop, PET imaging will continue to play a key role in unravelling the mysteries of the brain and developing better treatments for neurological and psychiatric disorders.

Optische coherentietomografie van het menselijk slakkenhuis. Verschillende kleuren geven een verschil in beweging weer op de anatomische structuren na geluidsstimulatie.

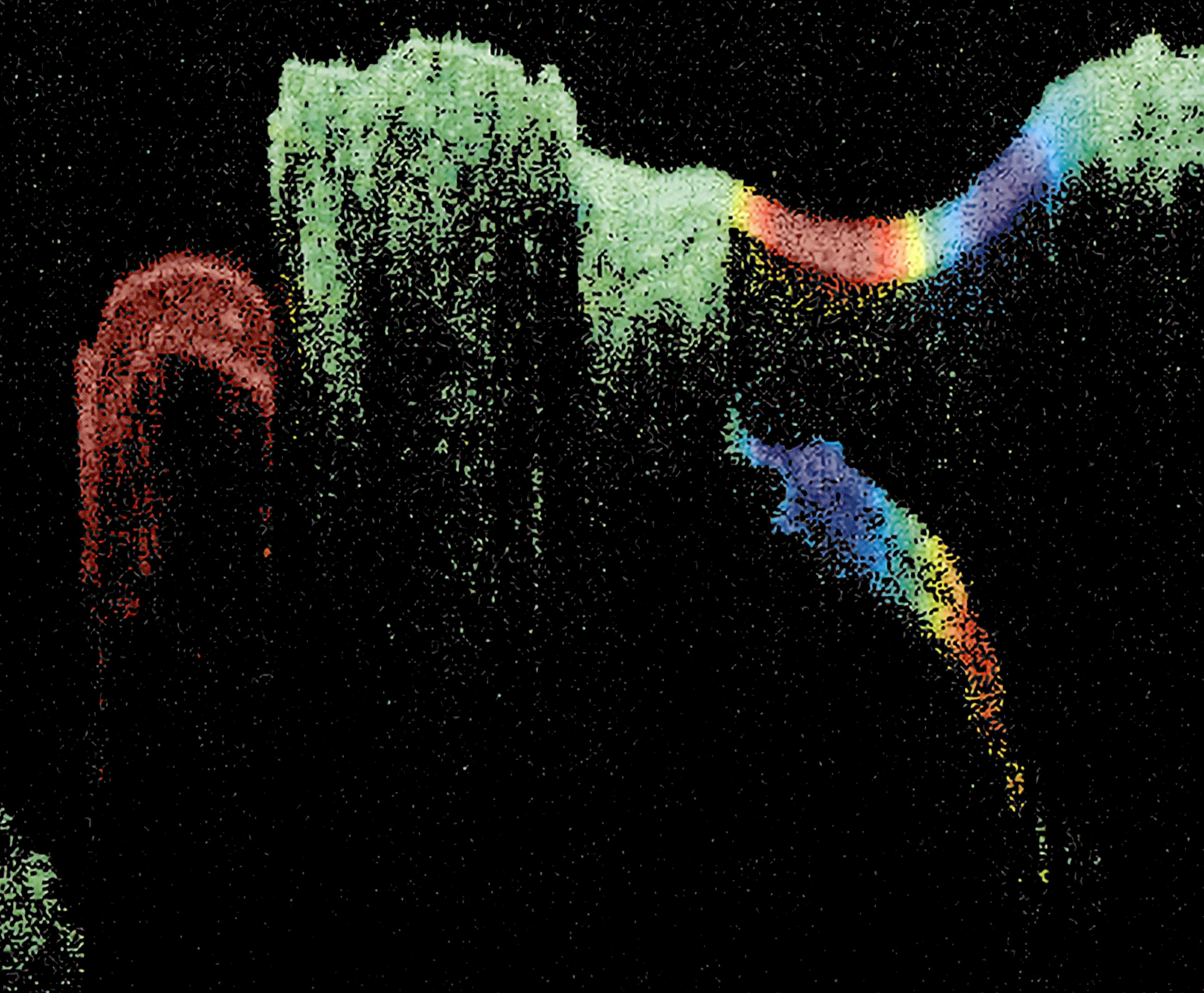

Optical coherence tomography of the human cochlea. Different colours show differences in the movement of anatomical structures after sound stimulation.

Hoe bereikt geluid
het binnenoor
en op welke manier
wordt het omgezet in signalen
die onze hersenen begrijpen?

Horen en het brein

FASCINEREND BEELD dat toont hoe structuren in het binnenoor, het slakkenhuis, trillen als reactie op geluid. Specifiek: een meting op een frequentie van 1500 Hz, een belangrijke component voor spraakverstaan. Het geeft mooi aan hoe geluid via de lucht of via bot (bijv. als je een elektrische tandenborstel gebruikt) het oor binnenkomt en daar een verschillende beweging veroorzaakt. Dit is belangrijk om te begrijpen hoe we geluid waarnemen en verwerken.

Deze afbeelding is gemaakt met een techniek die optische coherentie tomografie (OCT) heet. Het laat toe om microbewegingen te meten zonder in te grijpen in de delicate – en uiterst kwetsbare – structuur van het slakkenhuis. OCT heeft geholpen om lang bestaande theorieën over gehoor, zoals die van Nobelprijswinnaar von Békésy, te nuanceren. Het proces begint met een meting door een klein venstertje in het binnenoor, waarna de data worden omgezet in een visuele voorstelling.

Hoe bereikt geluid het binnenoor en op welke manier wordt het omgezet in signalen die onze hersenen begrijpen? Om op deze vraag een antwoord te vinden, dalen onderzoekers diep af in de gehoorgang. Het doel is om beter te begrijpen hoe het oor werkt, met het oog op het ontwikkelen van – onder andere – betere gehoorimplantaten.

Neurowetenschappelijk gezien richt dit onderzoek zich enkel op het perifere slakkenhuis, maar is het fundamenteel om de oversteek te kunnen maken naar centrale hersengebieden. OCT-vibrometrie kan chirurgen in de toekomst helpen bij preciezere cochleaire implantaties. Preciezere technieken kunnen leiden tot het optimaliseren van cochleaire implantaten door ze beter af te stemmen op de natuurlijke frequenties van het slakkenhuis.

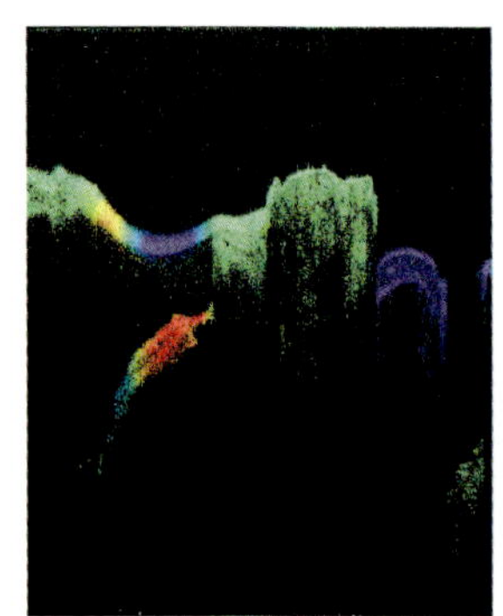

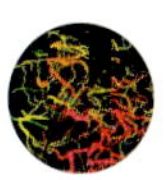

Hearing and the brain

THIS IS A FASCINATING IMAGE showing how structures in the cochlea of the inner ear vibrate in response to sound. Specifically: a measurement at a frequency of 1500 Hz, a key component for understanding speech. It clearly shows how sound enters the ear via air or bone (e.g. when using an electric toothbrush) and causes different movements there. This is important to understand how we perceive and process sound.

This image was taken using a technique called optical coherence tomography (OCT). This allows micro-movements to be measured without interfering with the delicate – and extremely fragile – structure of the cochlea. OCT has helped to refine some of the long-standing theories of hearing, such as the one developed by Nobel laureate von Békésy. The process begins with a measurement through a small window in the inner ear, after which the data is converted into a visual representation.

How does sound get to the inner ear and how is it converted into signals that our brain can understand? To answer this question, researchers look deep within the ear canal. The aim is to better understand how the ear works, for example to develop better hearing implants.

The neuroscientific part of this research only looks at the peripheral cochlea, but is fundamental in order to cross over to the central regions of the brain. OCT vibrometry may help surgeons to provide more precise cochlear implants in the future. More precise techniques could make it possible to optimise cochlear implants by matching them more closely to the natural frequencies of the cochlea.

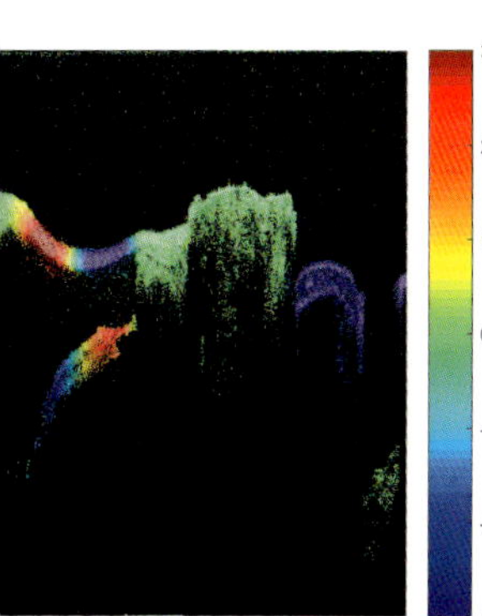

> How does sound get to the inner ear and how is it converted into signals that our brain can understand?

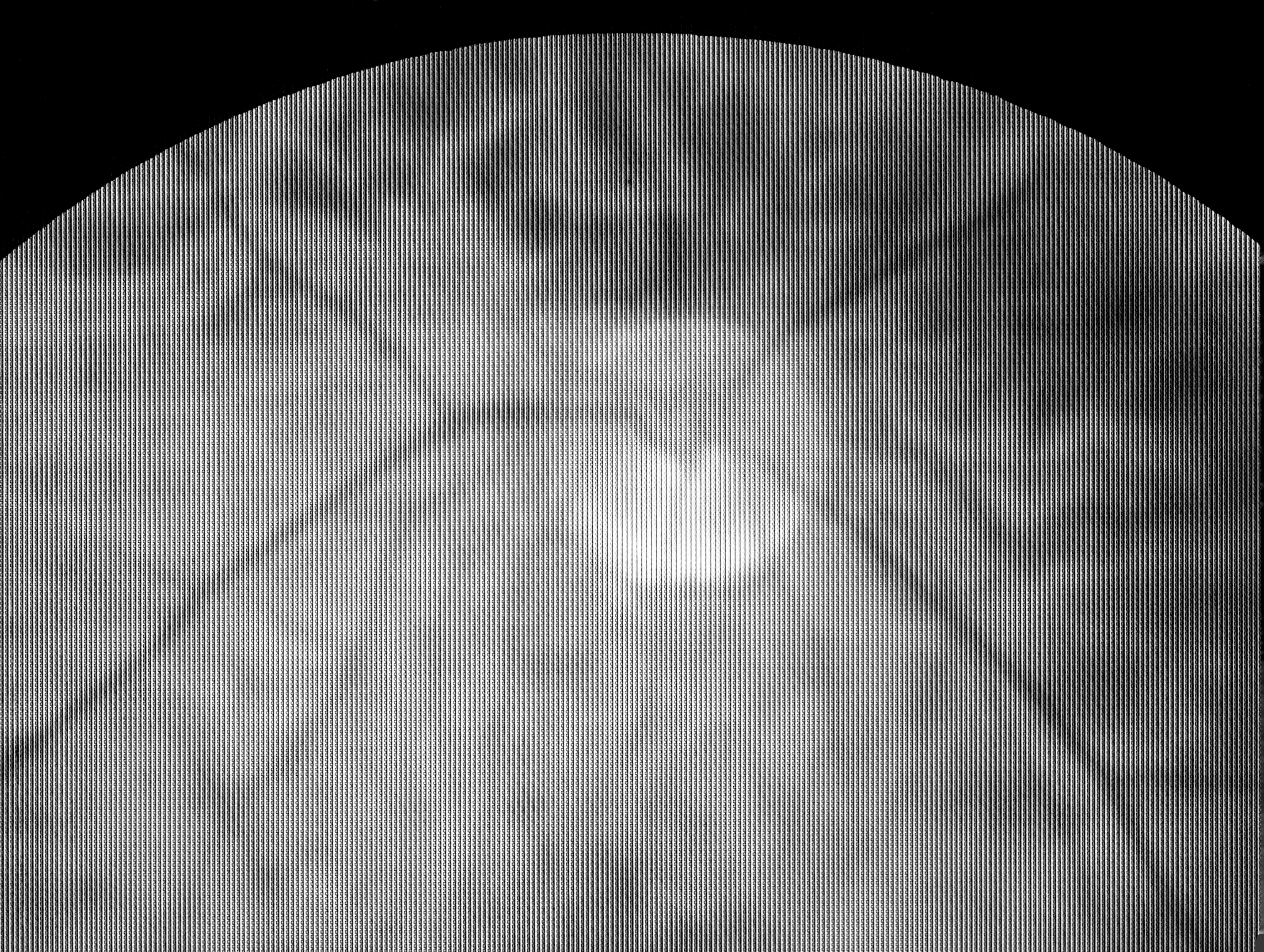

FOTO VAN HET NETVLIES, genomen met een hyperspectrale camera. De oogzenuw, bloedvaten en macula (gele vlek) zijn zichtbaar.

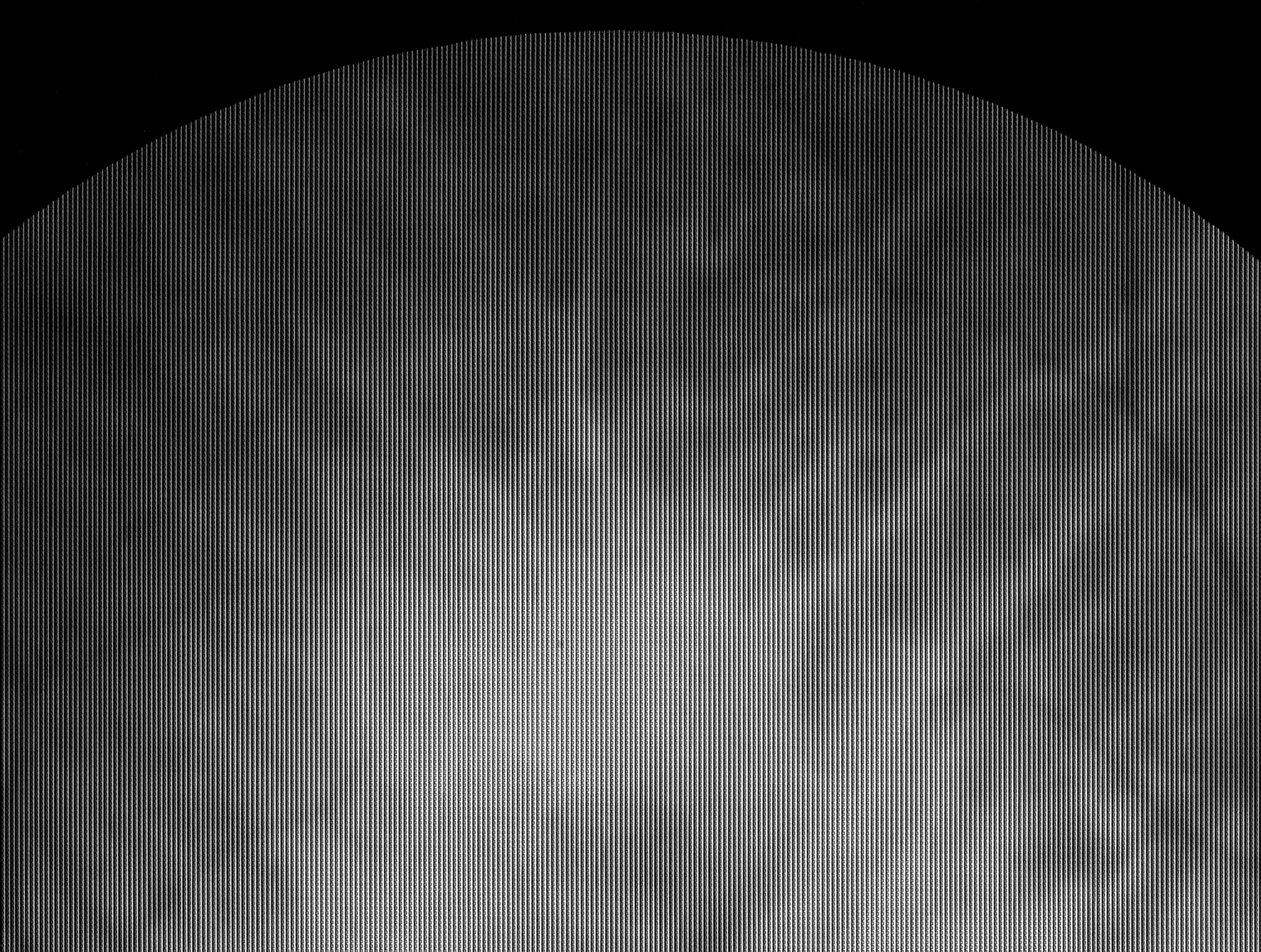

Photograph of the retina taken using a hyperspectral camera. The optic nerve, blood vessels and macula (yellow spot) are visible.

Het oog als venster op het brein

Het beeld toont een hyperspectrale foto van het netvlies, het dunne laagje aan de achterkant van het oog dat cruciaal is voor visuele waarneming. Uniek aan het oog is dat we er rechtstreeks bloedvaten en zenuwen kunnen bekijken zonder operatieve ingrepen. Dat maakt het oog ideaal voor medisch onderzoek en het vroegtijdig opsporen van ziekten.

Neurologische aandoeningen zoals alzheimer en parkinson veroorzaken al in een vroeg stadium subtiele veranderingen in het netvlies, zoals eiwitophopingen of veranderingen in de bloedvaten. Geavanceerde beeldvormingstechnieken, zoals hyperspectrale beeldvorming en *optical coherence tomography* (OCT), maken die veranderingen zichtbaar. Hyperspectrale beeldvorming levert niet alleen een kleurenfoto van het netvlies, maar onthult ook lichtpatronen in het weefsel, die bijvoorbeeld amyloïde ophopingen bij alzheimer kunnen aantonen. Deze technieken zijn pijnloos, snel, toegankelijk, goedkoop en niet-invasief (dus zonder straling of prik).

> Het oog is ideaal voor medisch onderzoek en het vroegtijdig opsporen van ziekten.

Het probleem vandaag is dat veel ziekten pas laat ontdekt worden, waardoor behandelingen minder effectief zijn. Het netvlies biedt een kans om aandoeningen zoals alzheimer, parkinson en cardiovasculaire problemen vroegtijdig te diagnosticeren, nog voor de eerste symptomen optreden.

Vroegtijdige opsporing is niet alleen cruciaal voor een betere behandeling, maar ook voor de ontwikkeling van nieuwe medicijnen. Onderzoekers kunnen zo ziekteprogressie volgen en behandelingen sneller evalueren. Daarnaast kunnen deze technieken op grote schaal ingezet worden in screeningsprogramma's om risicogroepen op te sporen en mensen zo sneller te helpen.

The eye as a window into the brain

The image shows a hyperspectral photograph of the retina, the thin layer at the back of the eye that is crucial for visual perception. A unique feature of the eye is that it allows us to view blood vessels and nerves directly, without surgical intervention. This makes the eye ideal for medical research and early detection of diseases.

Neurological disorders like Alzheimer's and Parkinson's cause subtle changes in the retina at an early stage, such as the accumulation of proteins or changes in blood vessels. Advanced imaging techniques such as hyperspectral imaging and optical coherence tomography (OCT) make those changes visible. Hyperspectral imaging not only provides a colour image of the retina, but also reveals patterns of light in the tissue, which can reveal features such as amyloid deposition in Alzheimer's disease. These techniques are painless, quick, accessible, inexpensive and non-invasive (i.e. they don't involve radiation or needles).

> The eye is ideal for medical research and early detection of diseases.

The problem is that many diseases are still being detected late, making treatments less effective. The retina offers opportunities to diagnose conditions such as Alzheimer's, Parkinson's and cardiovascular problems at an early stage, even before the first symptoms appear.

Early detection is crucial not only for better treatment, but also for the development of new drugs. Researchers can then track the progression of the disease and evaluate treatments more quickly. These techniques can also be used for large-scale screening programmes to detect high-risk groups, so that people can get help at an earlier stage.

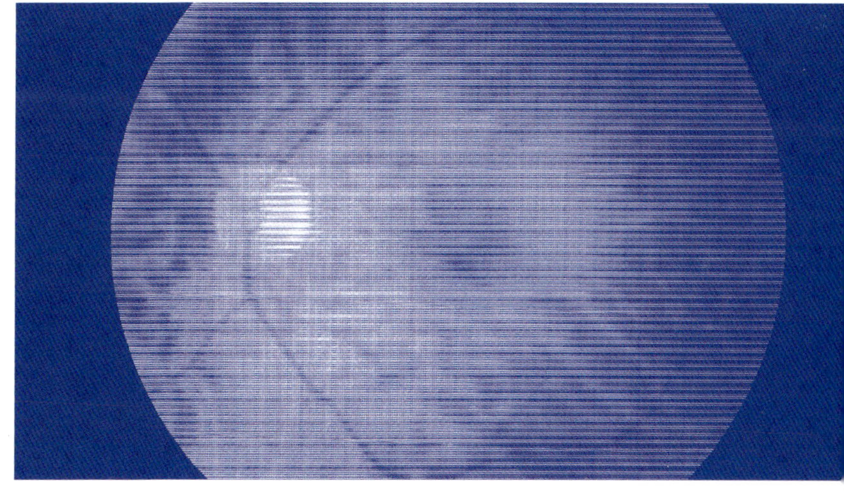

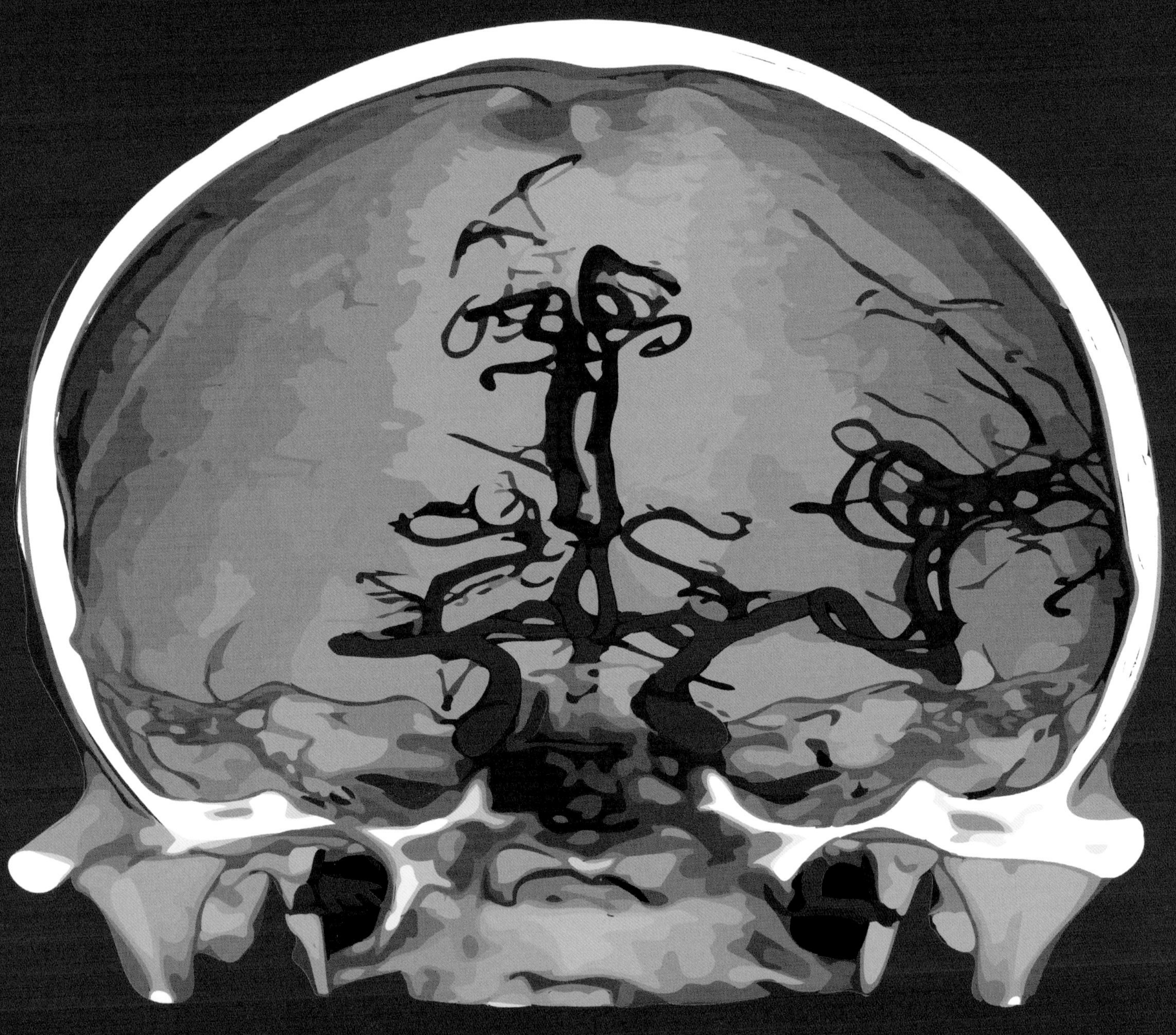

3D-RECONSTRUCTIE van hersenvaten (rood): in het linker beeld veroorzaakt een afgesloten bloedvat verminderde doorstroming, zoals na een beroerte. Rechts zien we dat het bloed via collaterale omwegen toch nog de hersenen bereikt.

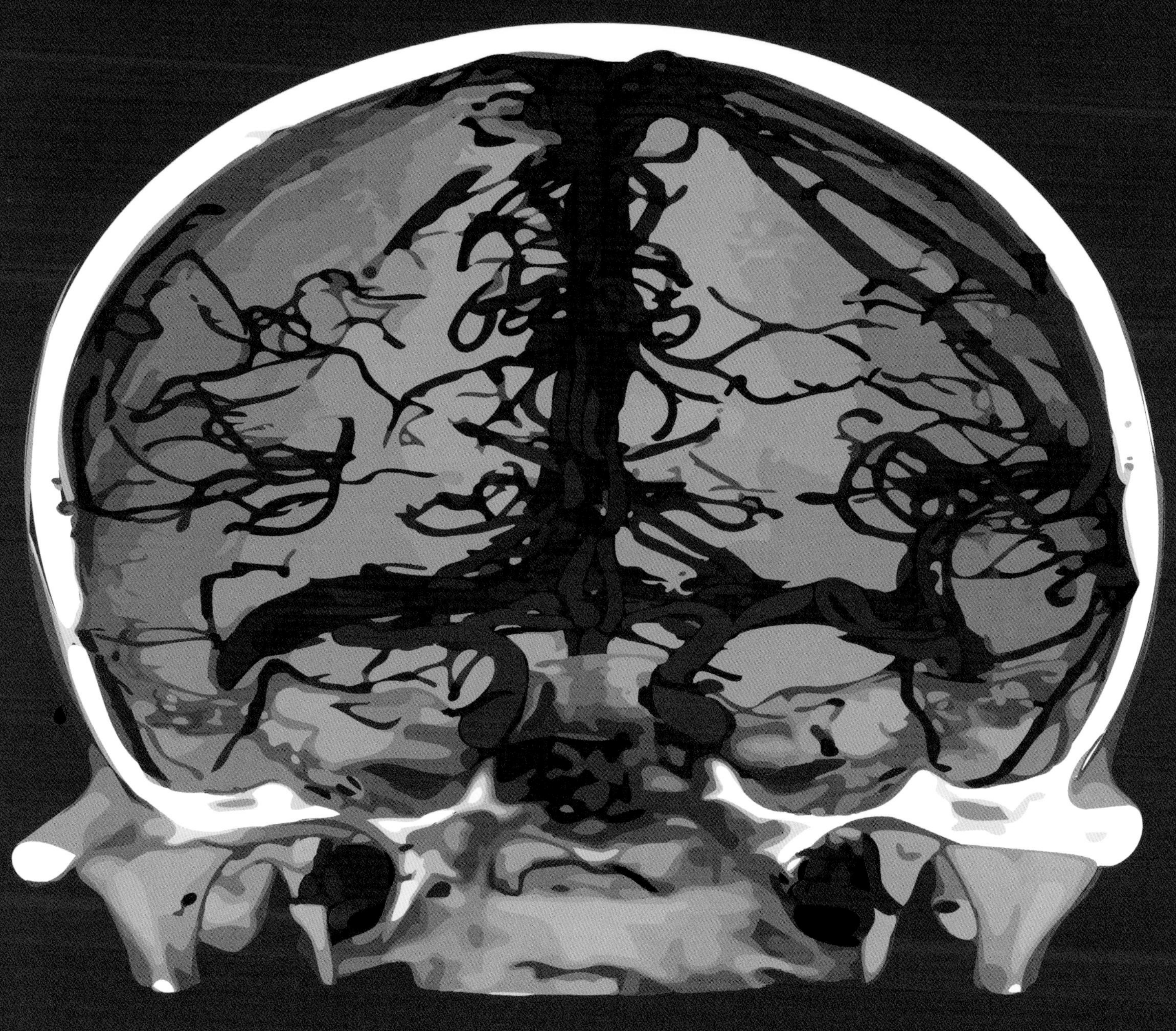

3D RECONSTRUCTION of blood vessels in the brain (red): in the image on the left, a blocked blood vessel causes reduced flow, as after a stroke. On the right you can see that blood is still reaching the brain via alternative collateral routes.

Rivieren van het brein

> Wat gebeurt er in de hersenen wanneer een bloedvat wordt afgesloten?

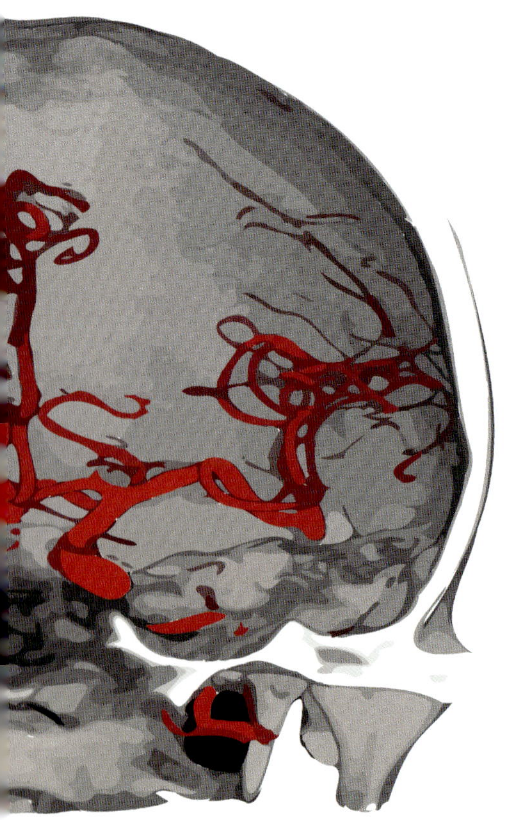

Een indrukwekkende 3D-reconstructie van de bloedvaten in de hersenen. De bloedvaten zijn hier weergegeven in rood, terwijl de omliggende structuren, zoals de schedel, zijn weggefilterd. Het beeld illustreert hoe bloed normaal gesproken de hersenen bevloeit, maar toont ook hoe alternatieve bloedvoorziening kan plaatsvinden wanneer een bloedvat geblokkeerd is.

De beelden kwamen tot stand door het gebruik van contrastmiddel en CT-beeldvorming. Opeenvolgende scans tonen hoe het contrastmiddel zich door de bloedvaten verspreidt. De reconstructie laat zowel de normale slagaders als de zogenaamde collaterale bloedvaten zien, die de bloedvoorziening overnemen wanneer een hoofdslagader geblokkeerd raakt.

Het onderzoek richt zich op het in kaart brengen van de hersenen na een beroerte. Wat gebeurt er precies wanneer een bloedvat wordt afgesloten? Hoe kunnen andere bloedvaten de rol overnemen om de hersenen toch van bloed te voorzien? Het is de bedoeling om technieken te ontwikkelen om snel te kunnen zien hoeveel hersenweefsel al beschadigd is en hoeveel nog kan worden gered. Deze informatie helpt om de juiste behandeling te kiezen, zoals het zo snel mogelijk verwijderen van een bloedprop of het ondersteunen van collaterale bloedvaten.

De hier gebruikte technieken hebben niet alleen invloed op de acute zorg bij een beroerte, maar ook op de aanpak van hersenaandoeningen in de toekomst. Met behulp van AI kunnen modellen worden ontwikkeld die voorspellen hoe een beroerte zich zal ontwikkelen en hoe succesvol een behandeling kan zijn. Dit kan niet alleen levens redden, maar ook bijdragen aan een beter herstel voor patiënten. Daarnaast kan het inzicht in de bloedvoorziening van de hersenen ook nuttig zijn bij het begrijpen van andere aandoeningen, zoals bloedingen, en mogelijk zelfs bij preventieprogramma's binnen risicogroepen.

Rivers in the brain

What exactly happens in the brain when a blood vessel is blocked?

An impressive 3D reconstruction of the blood vessels in the brain. The blood vessels are shown here in red, while surrounding structures, such as the skull, have been filtered out. The images illustrate how blood normally flows around the brain, but they also show how the blood supply can find alternative routes when a vessel is blocked.

The images were created using CT imaging with a contrast agent. Sequential scans show how the contrast agent spreads through the blood vessels. The reconstruction shows both normal arteries and the so-called collateral blood vessels, which still provide a blood supply when a main artery becomes blocked.

This study focuses on mapping the brain after a stroke. What exactly happens when a blood vessel is blocked? How can other blood vessels take over its role of supplying blood to the brain? The aim is to develop techniques to see quickly how much brain tissue has already been damaged and how much can still be saved. This information helps to choose the right treatment, such as removing a blood clot at the earliest possible stage or supporting collateral blood vessels.

The techniques used here not only have an impact on acute stroke care, but they could also help with the management of conditions affecting the brain in the future. AI can be used to develop models to predict how a stroke will develop and how successful the treatment might be. That could not only save lives, but also contribute to a better recovery for patients. Understanding the blood supply to the brain could also be useful for understanding other conditions, such as brain haemorrhages, and possibly even for prevention programmes within high-risk groups.

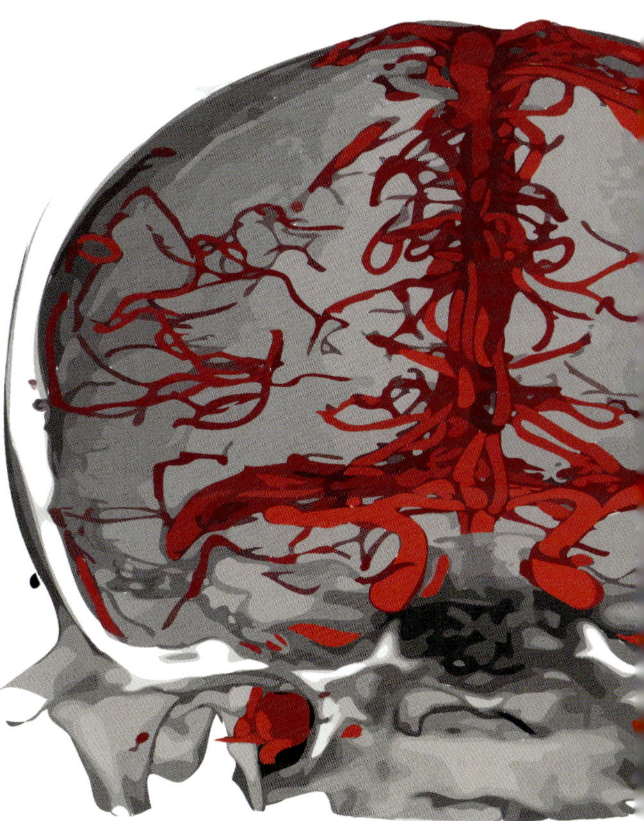

Duizenden gekleurde stippen onthullen wat individuele hersencellen doen in een muizenbrein.

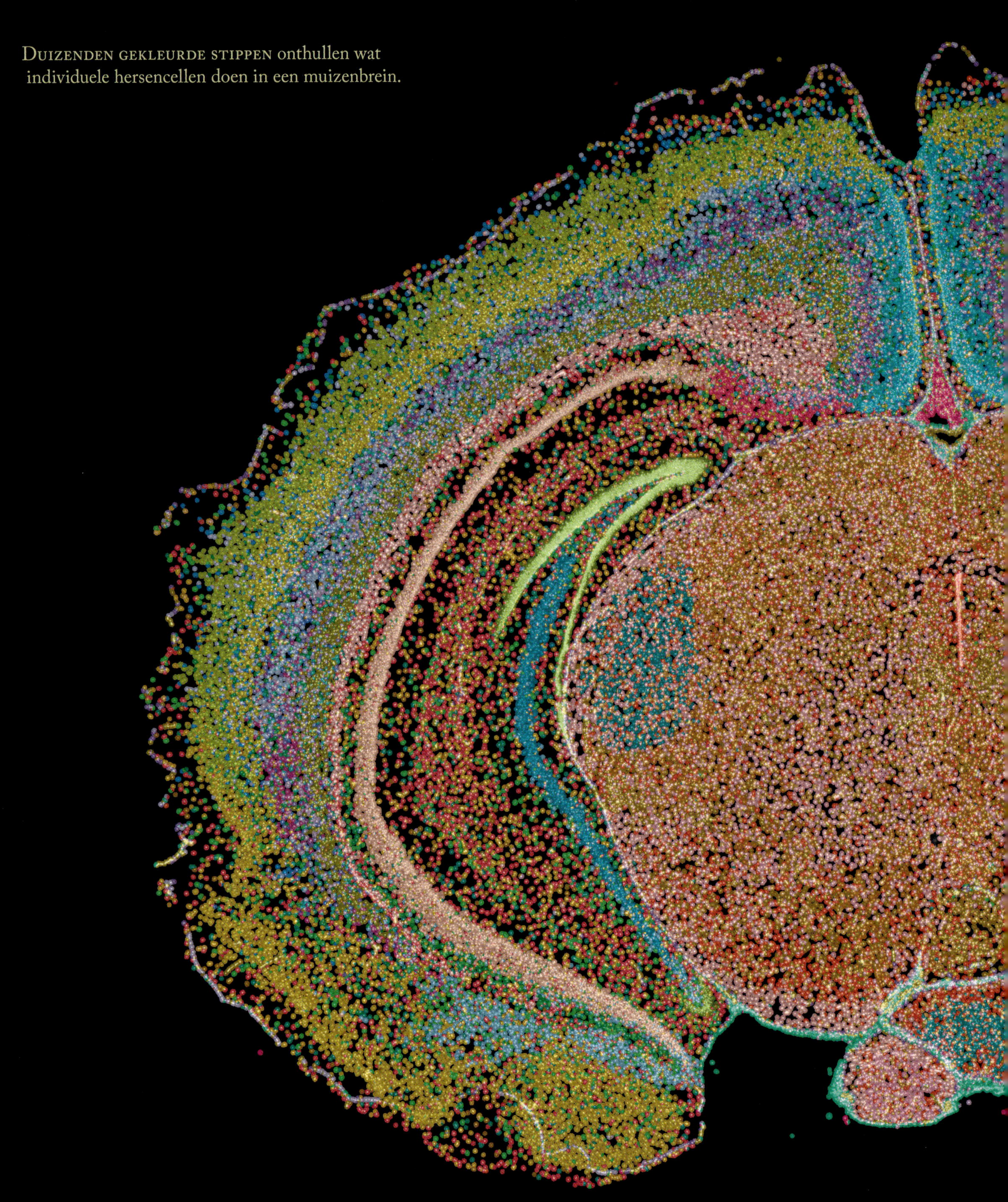

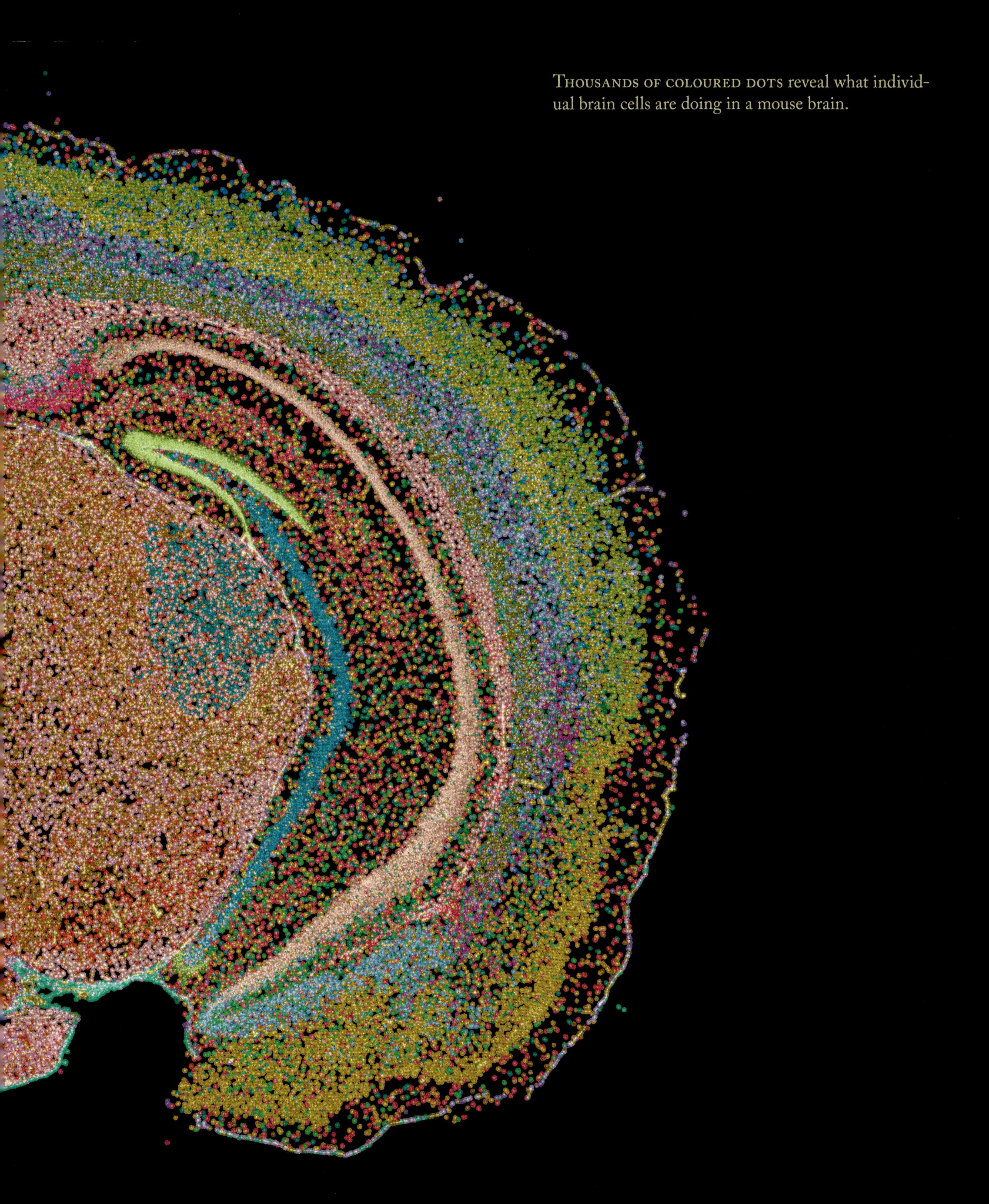

Thousands of coloured dots reveal what individual brain cells are doing in a mouse brain.

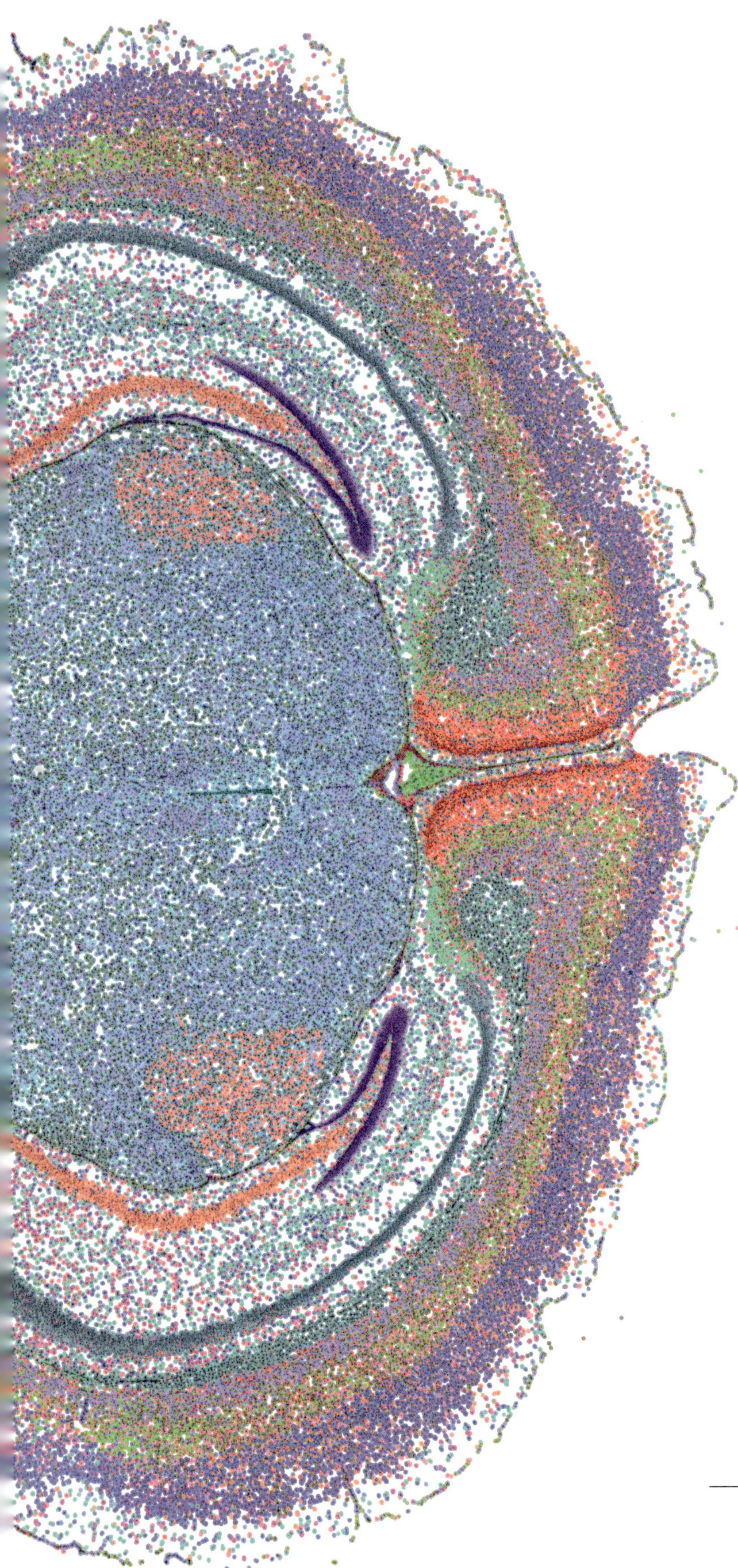

Kleur bekennen in het muizenbrein

Op het eerste gezicht zou je denken: een mooi, ietwat pointillistisch modern schilderij. In werkelijkheid is het een regenboog van stipjes in een doorgesneden muizenbrein. Meer nog: achter de kleuren schuilt een revolutionaire techniek die de toekomst van geneeskunde en hersenonderzoek zou kunnen veranderen.

Elk stipje in de afbeelding is een individuele cel, waarvan de kleuren aangeven welk type cel het is en hoe actief bepaalde genen in die cel zijn. Vergelijk het gerust met een kaart van de hersenen waarin niet alleen staat waar de cellen zich bevinden, maar ook wat ze op dat moment 'doen'.

Dankzij deze techniek, spatial transcriptomics genaamd, kunnen onderzoekers zien welke cellen samenwerken, welke afwijkingen vertonen, en hoe dit verschilt tussen een gezond en een ziek brein.

De afbeelding kwam tot stand via een ingenieus proces: hersenweefsel van een muis werd ingevroren, in dunne plakjes gesneden en vervolgens 'gelezen' met speciale moleculaire markeerders en een krachtige microscoop.

> Achter de kleuren schuilt een revolutionaire techniek die de toekomst van geneeskunde en hersenonderzoek zou kunnen veranderen.

Het doel van dit onderzoek is om het menselijk lichaam – van de allereerste celdeling tot veroudering en ziekte – tot in het kleinste detail te begrijpen. Onderzoekers willen te weten komen welke cellen wat doen, wat er precies verandert bij ouderdom, kanker of een hersenziekte en hoe we die veranderingen vroeg(er) kunnen detecteren, of zelfs beïnvloeden. De hoop is om zo ziekten als alzheimer, hersenkanker, maar ook zeldzame aandoeningen en auto-immuunziekten beter te begrijpen én behandelen.

Deze methode maakt het mogelijk om hersenziekten niet alleen op een scan te zien, maar écht op celniveau te begrijpen. Welke cellen zijn betrokken? Hoe gedragen ze zich anders dan gezonde cellen? En kunnen we daar gericht medicijnen op afstemmen? In de toekomst kunnen deze technieken de basis vormen voor precisiegeneeskunde: behandelingen die precies zijn afgestemd op de celtypes en moleculaire afwijkingen van een specifieke patiënt.

Recognising colour in the mouse brain

At first glance it might look like a beautiful modern painting in a rather pointillist style. In reality, it is a rainbow of dots in a section through a mouse brain. Furthermore, there is a revolutionary technology behind these colours that could change the future of medicine and brain research.

Each dot in the image is an individual cell, with the colours indicating what type of cell it is and how active certain genes are in that cell. It can be seen as a map of the brain that shows not only where the cells are located, but also what they are 'doing' at a given time.

This technique, called spatial transcriptomics, lets researchers see which cells are working together, which ones are showing abnormalities, and how this differs between a healthy and a diseased brain.

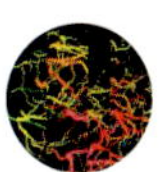

> There is a revolutionary technology behind these colours that could change the future of medicine and brain research.

The image was created through an ingenious process: brain tissue from a mouse was frozen, cut into thin slices and then 'read' using special molecular markers and a powerful microscope.

The aim of this research is to understand the human body – from the very first cell division to ageing and disease – down to the finest detail. Researchers want to find out which cells do what, what exactly changes during ageing, cancer or brain disease, and how we can detect or even influence, those changes at an early (or earlier) stage. The hope is to reach a better understanding and provide better treatments for diseases such as Alzheimer's and brain cancer, as well as rare disorders and autoimmune diseases.

This method allows brain diseases to be understood not just on a scan, but right down to the cellular level. Which cells are affected? How do they behave differently from healthy cells? Can we use medicines to target them? In future, these techniques could form the basis for precision medicine: treatments precisely tailored to a specific patient's cell types and molecular abnormalities.

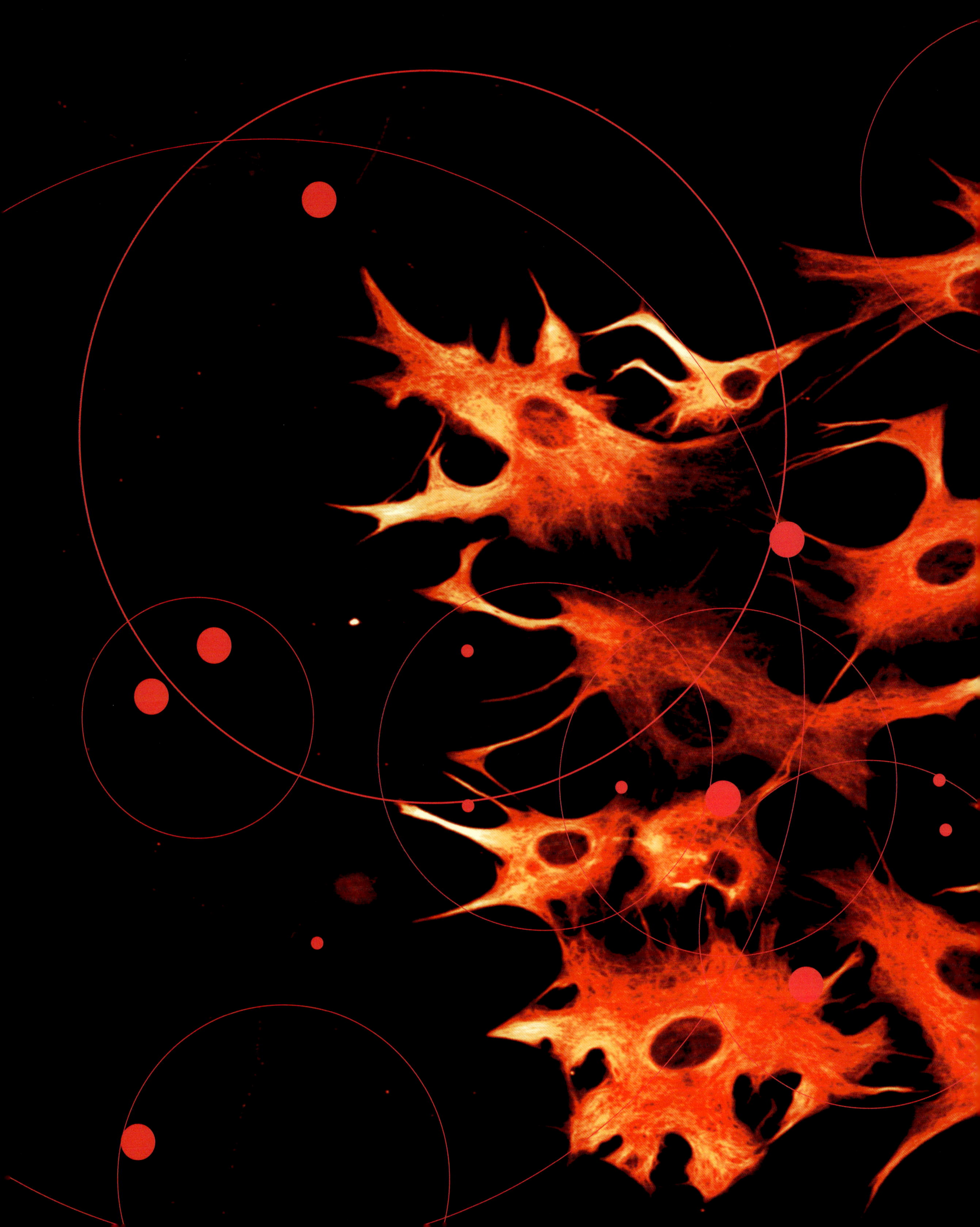

De bouwstenen van het denken
The building blocks of thought

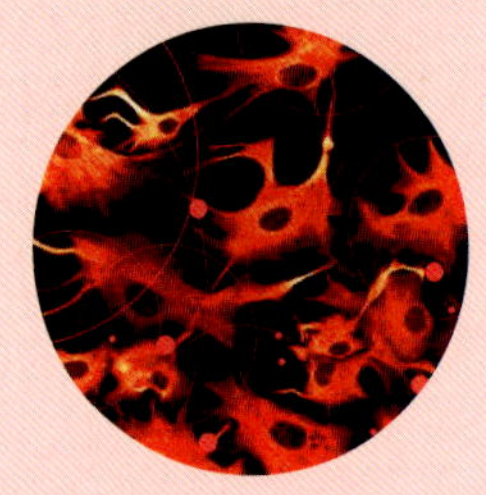

2. De bouwstenen van het denken

Hoe ontstaan gedachten? Zijn het – zoals de grote zenmeesters het beschrijven – wolken die voorbijdrijven, waar je niets mee hoeft te doen? Of zit er meer achter die poëtische benadering? Bekijken we het met een westerse wetenschappelijke bril, dan weten we vandaag dat er achter elke gedachte een boeiende en intrigerende wereld schuilgaat. Een die we onmogelijk met het blote oog kunnen waarnemen: cellen die ontstaan en verdwijnen, genen die aan- en uitgeschakeld worden, moleculaire processen die samen het brein vormgeven. Het denken begint niet bij ideeën, maar bij materie. Het brein zit nooit stil.

Achter elke gedachte schuilt een boeiende en intrigerende wereld.

Hoe het brein werkt en hoe gedachten ontstaan, heeft ons altijd al gefascineerd. Die hunker om het brein tot zijn absolute kern te herleiden – tot de kleinste schaal – leeft bij vrijwel elke breinwetenschapper. Met stamcellen, mini-breinen en genetische modellen reconstrueren ze aspecten van het menselijke brein in het labo. Niet als perfecte kopieën, maar als vragen in materiële vorm: hoe groeit een brein, waar loopt ontwikkeling mis, en waarom verloopt die bij de ene mens anders dan bij de andere?

Wie begrijpt hoe hersencellen ontstaan, samenwerken en ontsporen, opent de deur naar nieuwe therapieën.

Dit deel zoomt in op dat fundament. Op onderzoek dat zich afspeelt op celniveau, maar reikt tot ver daarbuiten. Want wie begrijpt hoe hersencellen ontstaan, samenwerken en ontsporen, opent de deur naar nieuwe therapieën, onverwachte inzichten in onze evolutie en een dieper begrip van wat ons menselijk maakt.

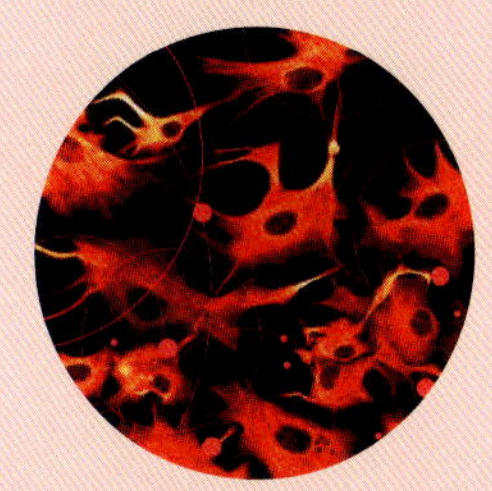

2. The building blocks of thought

How do thoughts come into being? Are they – as the great Zen masters describe them – clouds floating by, that have nothing to do with you? Or is there something more behind that poetic approach? Viewed through a Western scientific lens, we now know that there is a fascinating and intriguing world behind every thought. It is something we cannot possibly observe with the naked eye: cells appearing and disappearing, genes being turned on and off, molecular processes that together shape the brain. Thinking begins not with ideas, but with matter. The brain never stops.

If we can understand how brain cells originate, interact and go wrong, that would open the door to new treatments.

There is a fascinating and intriguing world behind every thought.

How the brain works and how thoughts arise has always fascinated us. The hunger to reduce the brain to its absolute core – to the smallest scale – lives on in almost every brain scientist. They use stem cells, mini-brains and genetic models to reconstruct aspects of the human brain in the laboratory. Not as perfect copies, but as questions, expressed in material forms: how does a brain grow, where does development go wrong, and why does it happen differently in some people than in others?

This volume zooms in on that foundational work. It concerns research that is done at the cellular level but reaches far beyond it. If we can understand how brain cells originate, interact and go wrong, that would open the door to new treatments, provide unexpected insights into our evolution and give us a deeper understanding of what makes us human.

Genen die tot expressie komen in het brein van de Mexicaanse grottenvis. Ieder puntje (slecht 300 nm groot) is een plek waar rna is opgevangen: hoe feller de kleur, hoe meer rna. Je zou de puntjes kunnen vergelijken met pixels in een camera.

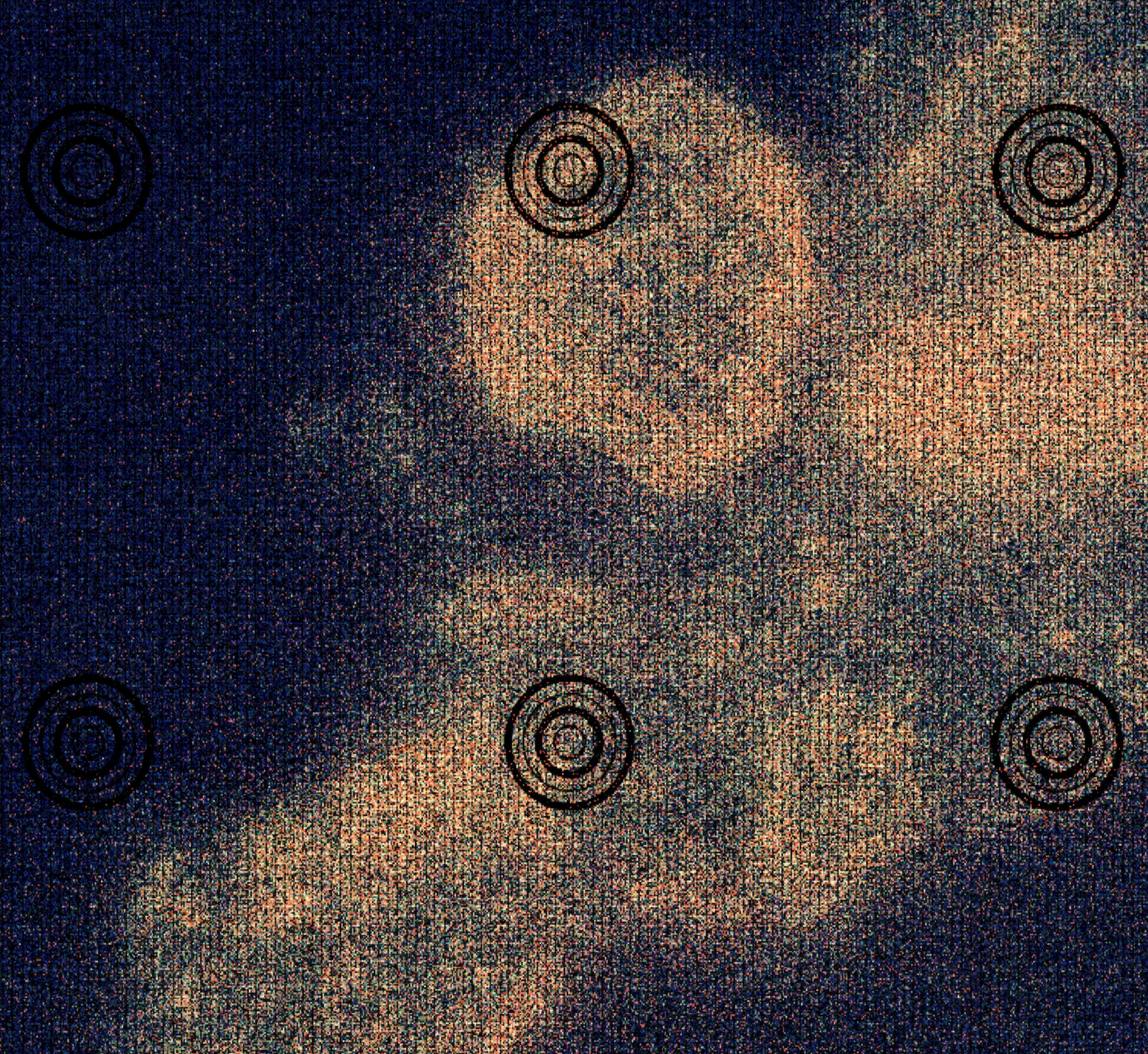

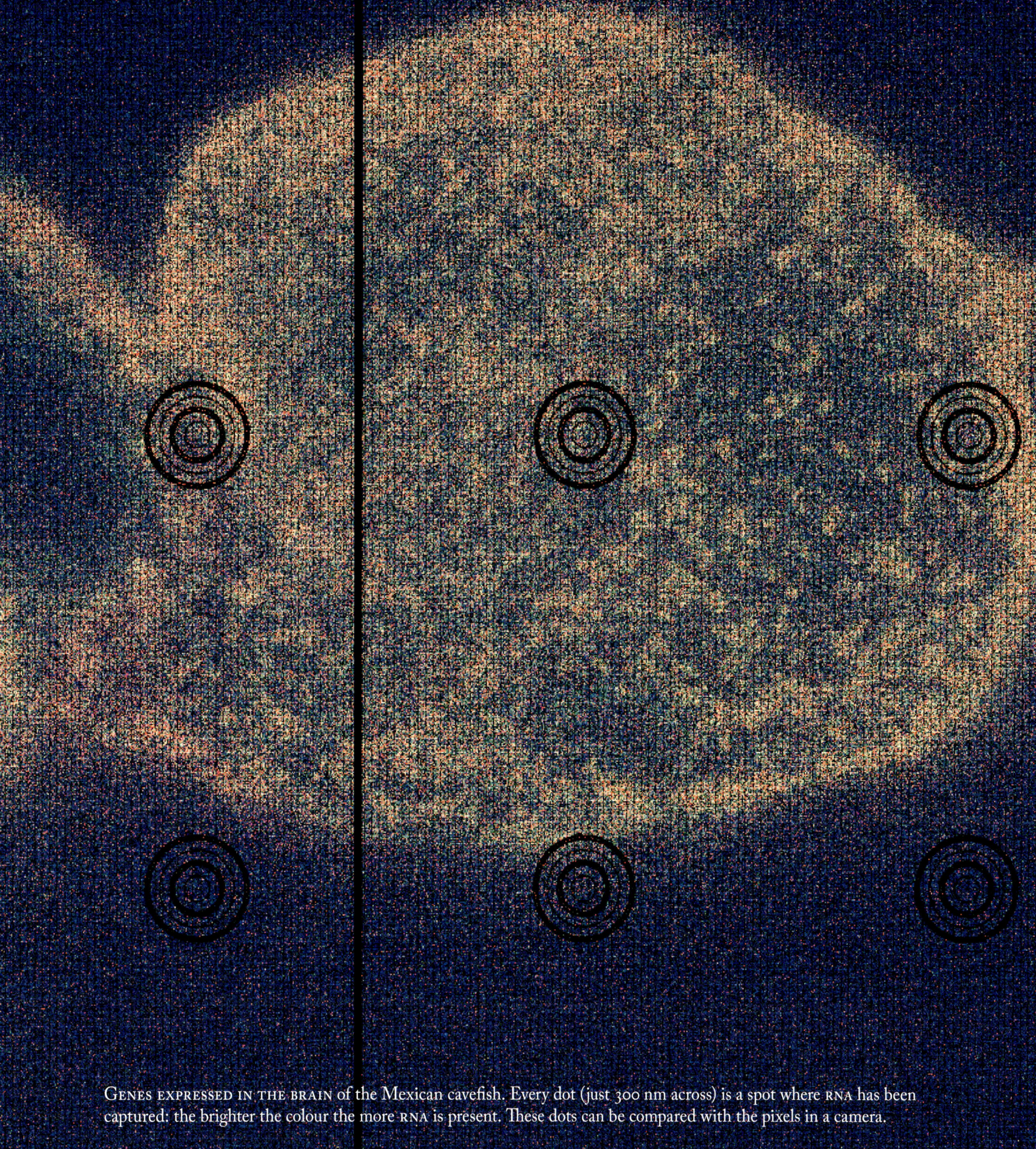

Genes expressed in the brain of the Mexican cavefish. Every dot (just 300 nm across) is a spot where RNA has been captured: the brighter the colour the more RNA is present. These dots can be compared with the pixels in a camera.

Hoe een vissenbrein en AI ons helpen het menselijk brein te begrijpen

> Een vissenbrein en vogeldata helpen ons begrijpen wat er in ons eigen hoofd gebeurt.

De afbeelding toont hersensecties van een Mexicaanse grottenvis (*Astyanax mexicanus*), met daarop in kleur de dichtheid van RNA, ook wel de boodschappers van onze genen. Waar zich een cel bevindt, licht een vlek op. Wat je hier dus ziet, zijn momentopnames van wat er zich diep in het brein van een vis afspeelt.

Hoewel het hier om een vis gaat, is het verre van visserslatijn, en wel hierom: de soort wordt veel gebruikt in het onderzoek naar hoe dieren zich ontwikkelen én hoe dieren zich (snel) kunnen aanpassen aan veranderende omgevingen.

Deze opname is het resultaat van een nieuwe techniek: Nova-ST. De methode laat toe om in een bevroren stuk hersenweefsel precies in kaart te brengen waar welk gen actief is. Als we weten waar en wanneer genen actief zijn, kunnen we beter begrijpen hoe hersencellen zich gedragen, niet enkel in een gezond brein, maar ook bij ziekte. Het is alvast cruciale informatie die ons in staat stelt om hersenaandoeningen zoals parkinson of schizofrenie – waarbij genexpressie verstoord is – te doorgronden.

Maar het gaat nog veel verder: in het lab van Stein Aerts wordt veel biologische data gevoed aan AI-modellen die leren voorspellen hoe stukjes DNA de activiteit van genen aansturen. Hoe 'weet' een gen wanneer het aan of uit moet? Met de hulp van AI kunnen we dat nu beter begrijpen, en zelfs hierop ingrijpen. Vandaag combineren onderzoekers data uit verschillende diersoorten om de modellen nog krachtiger te maken. Er werden bijvoorbeeld al gegevens van vissen, hagedissen, zoogdieren en vogels geïntegreerd, wat resulteert in een rijkere databank waarmee AI kan leren voorspellen hoe een DNA-sequentie zich zal gedragen in een specifieke celsoort.

Dit soort onderzoek toont hoe technologie en biologie samenvloeien: een vissenbrein en vogeldata helpen ons begrijpen wat er in ons eigen hoofd gebeurt. En met die kennis bouwen we verder aan therapieën voor de toekomst, gebaseerd op wat onze genen ons vertellen.

How a fish brain and AI are helping us to understand the human brain

THE IMAGE SHOWS SECTIONS through the brain of a Mexican cavefish (*Astyanax mexicanus*), with colours indicating the density of RNA, which are the messengers of our genes. Wherever there is a cell, an area lights up. What you are seeing here is a snapshot of what is going on deep inside a fish's brain.

Although this example uses a fish, it is not just for fish specialists, and here's why: this species is widely used in research into the way animals evolve and how they can adapt (quickly) to changing environments.

This image is the result of a new technique: Nova-ST. The method makes it possible to map on a frozen piece of brain tissue exactly where each individual gene is active. If we know where and when genes are active, we can better understand how brain cells behave, not only in a healthy brain, but also in disease. Meanwhile, this is crucial information that will allow us to understand more about brain disorders such as Parkinson's disease or schizophrenia, in which gene expression is disrupted.

However, this is just the start: in Stein Aerts' lab, a large amount of biological data is fed into AI models that learn to predict how segments of DNA drive gene activity. How does a gene 'know' when to turn itself on or off? With the help of AI, we can now understand this better, and even intervene to influence it.

Today, researchers are combining data from different animal species to make the models even more powerful. For example, data from fish, lizards, mammals and birds have already been included, resulting in a richer database that AI can use to learn to predict how a DNA sequence will behave in a specific type of cell.

This kind of research highlights an area where technology meets biology: a fish brain and data from birds are helping us to understand what is going on inside our own heads. With that knowledge, we can continue to work towards treatments for the future, based on what our genes are telling us.

> A fish brain and data from birds are helping us to understand what is going on inside our own heads.

Microscopische beelden van cerebrale organoïden.
Het zijn kleine, in het lab gekweekte structuren die zich gedragen als een pril, groeiend menselijk brein

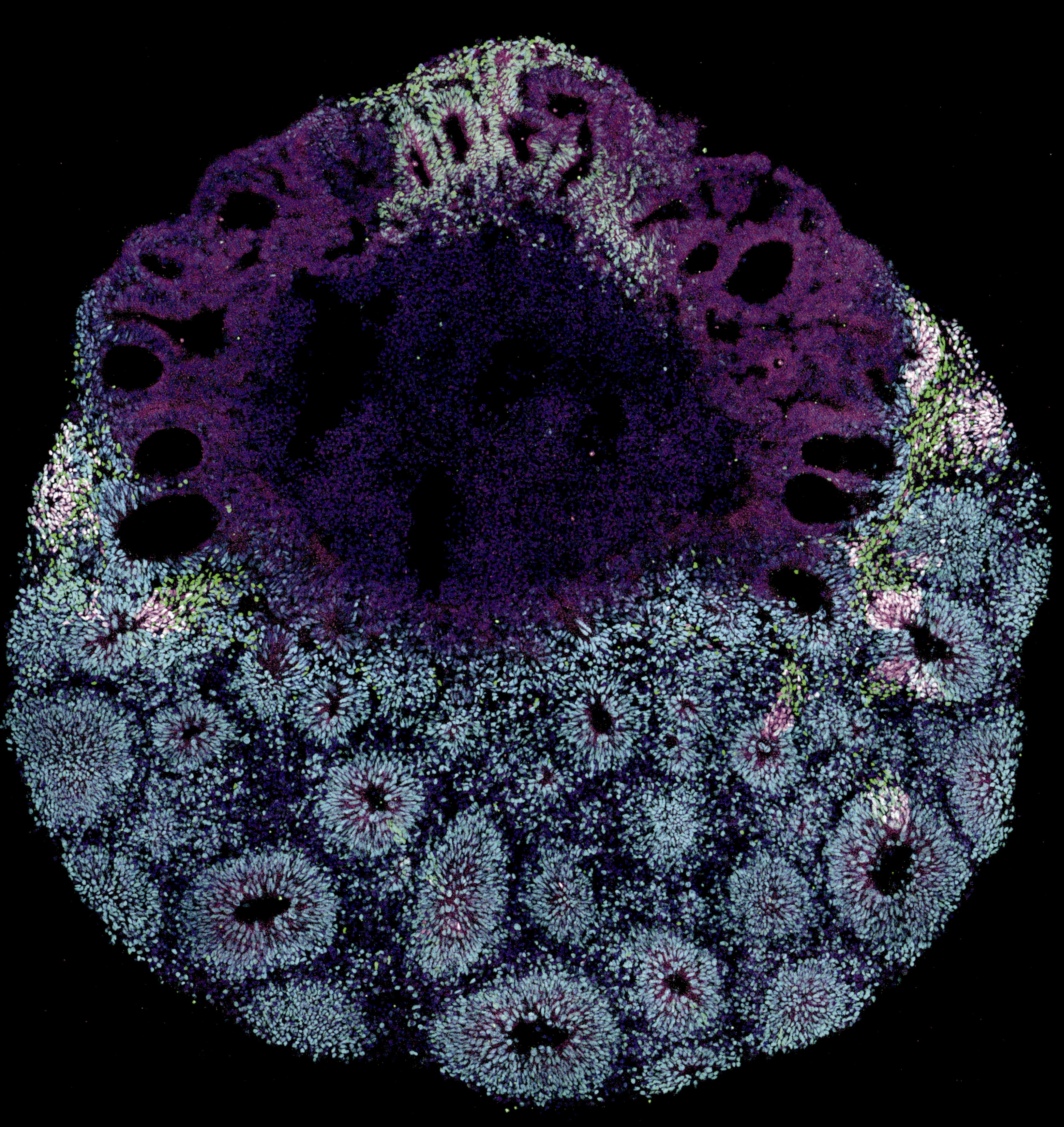

Microscopic images of cerebral organoids.
These are tiny lab-grown structures that behave like a brand-new growing human brain

Het brein op een presenteerblaadje

> Wetenschappers kunnen veranderingen aanbrengen in het DNA van stamcellen om na te bootsen wat er gebeurt bij een aandoening als autisme en epilepsie.

DIT VERHAAL START met stamcellen, of 'broncellen', die kunnen uitgroeien tot elk type cel in het lichaam, zoals hartcellen, huidcellen of hersencellen. Hier geven onderzoekers de cellen een duwtje in de richting van hersencellen. Hoewel deze neurale organoïden natuurlijk geen gedachten kunnen vormen of voelen zoals wij, bootsen ze wel veel van de vroege hersenontwikkeling na. In het onderzoek naar hersenaandoeningen zijn ze onmisbaar. Wetenschappers kunnen bijvoorbeeld veranderingen aanbrengen in het DNA van de cellen om na te bootsen wat er gebeurt bij een aandoening als autisme en epilepsie.

Maar een schaaltje is niet genoeg voor de volledige ontwikkeling van zenuwcellen. Daarvoor gebruiken onderzoekers xenotransplantatie, een techniek waarbij ze menselijke hersencellen in het brein van een muis plaatsen, zodat ze in een levend brein kunnen functioneren. Vreemd? Misschien wel, maar het helpt om te begrijpen hoe menselijke hersencellen zich gedragen in een 'echte' omgeving. Zo blijkt dat menselijke zenuwcellen jaren nodig hebben om volledig te rijpen, zelfs in een muizenbrein. En als ze te snel ontwikkelen, kan dat de ontwikkeling van hersennetwerken verstoren, wat bijvoorbeeld kan leiden tot leerproblemen of autisme. Tegelijk laat deze aanpak onderzoekers toe nieuwe behandelingen te testen en beter te begrijpen hoe aandoeningen als autisme of alzheimer zich in de hersenen ontwikkelen.

Het onderzoek staat nog in de kinderschoenen, maar de impact groeit snel. Grote farmaceutische bedrijven zetten stamcelmodellen steeds vaker in om hersenziekten beter te begrijpen, nieuwe geneesmiddelen te ontwikkelen en potentiële therapieën te testen in een gecontroleerde, mensgerichte omgeving, nog vóór klinische proeven.

The brain on a silver petri platter

This story begins with stem cells, or 'source cells', which can grow into any type of cell in the body, such as heart cells, skin cells or brain cells. In this case researchers give the cells a push to develop into brain cells. While these neural organoids obviously cannot form thoughts or have feelings like ours, they do mimic a lot of early brain development. They are indispensable for brain disease research. For example, scientists can make changes to the DNA of cells to mimic what happens in conditions such as autism or epilepsy.

> Scientists can make changes to the DNA of stem cells to mimic what happens in conditions such as autism or epilepsy.

A dish, however, is not an adequate environment to allow full development of nerve cells. To achieve this, researchers use xenotransplantation, a technique in which they insert human brain cells into the brain of a mouse so that they can function in a living brain. Does that seem strange? Maybe it is, but it helps us to understand how human brain cells behave in a 'real' environment. Thus, it appears that human nerve cells take years to mature fully, even in a mouse brain. If they develop too quickly, that can disrupt the development of brain networks, leading to problems like learning disabilities or autism. At the same time, this approach allows researchers to test new treatments and better understand how disorders like autism or Alzheimer's disease develop in the brain.

This research is still in its infancy, but its impact is growing rapidly. Large pharmaceutical companies are increasingly using stem cell models to gain a better understanding of brain diseases, develop new drugs and test potential treatments in a controlled, human-centred environment, even before clinical trials.

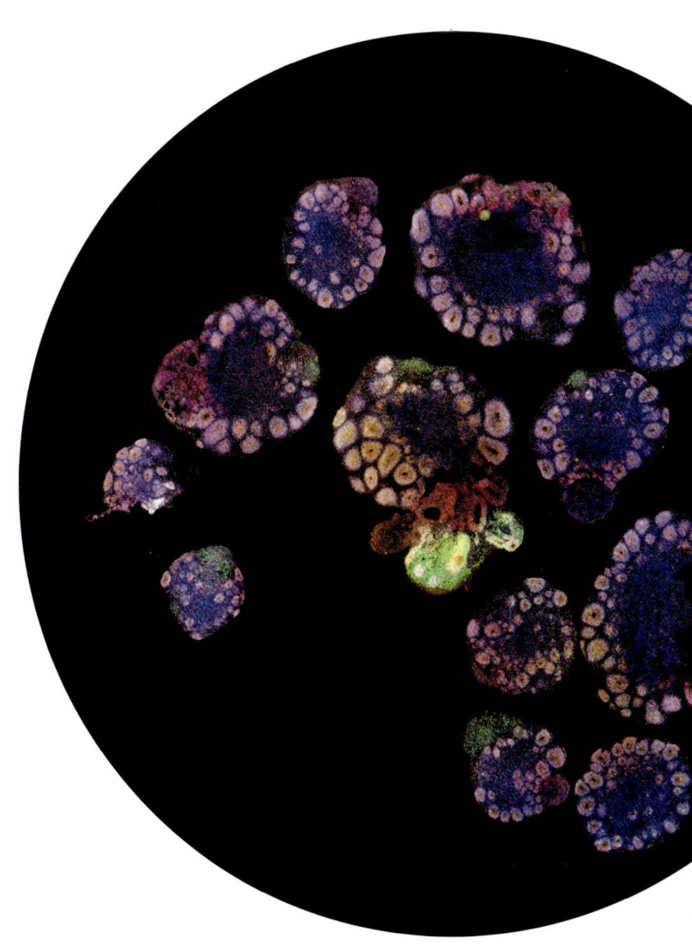

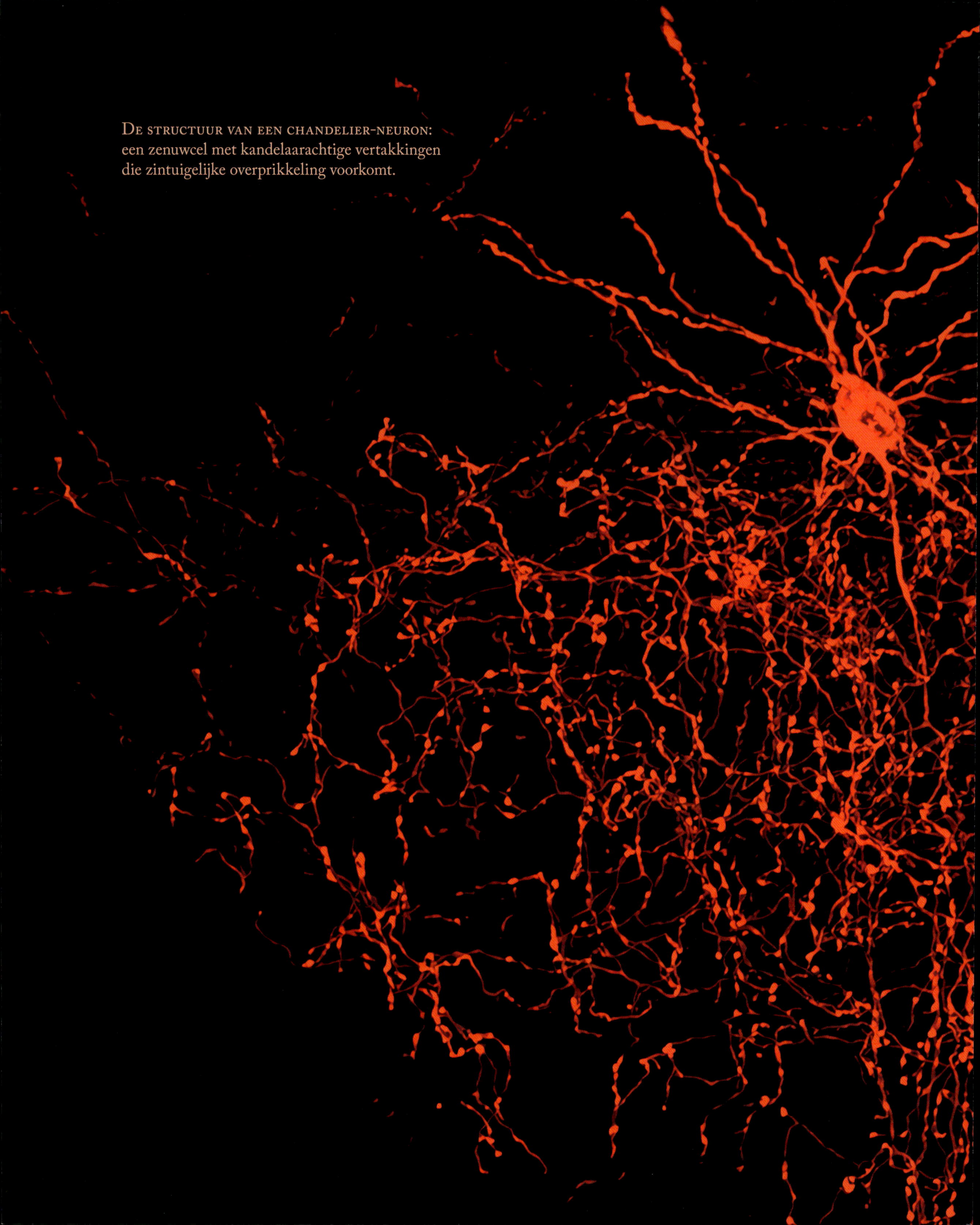

De structuur van een chandelier-neuron: een zenuwcel met kandelaarachtige vertakkingen die zintuigelijke overprikkeling voorkomt.

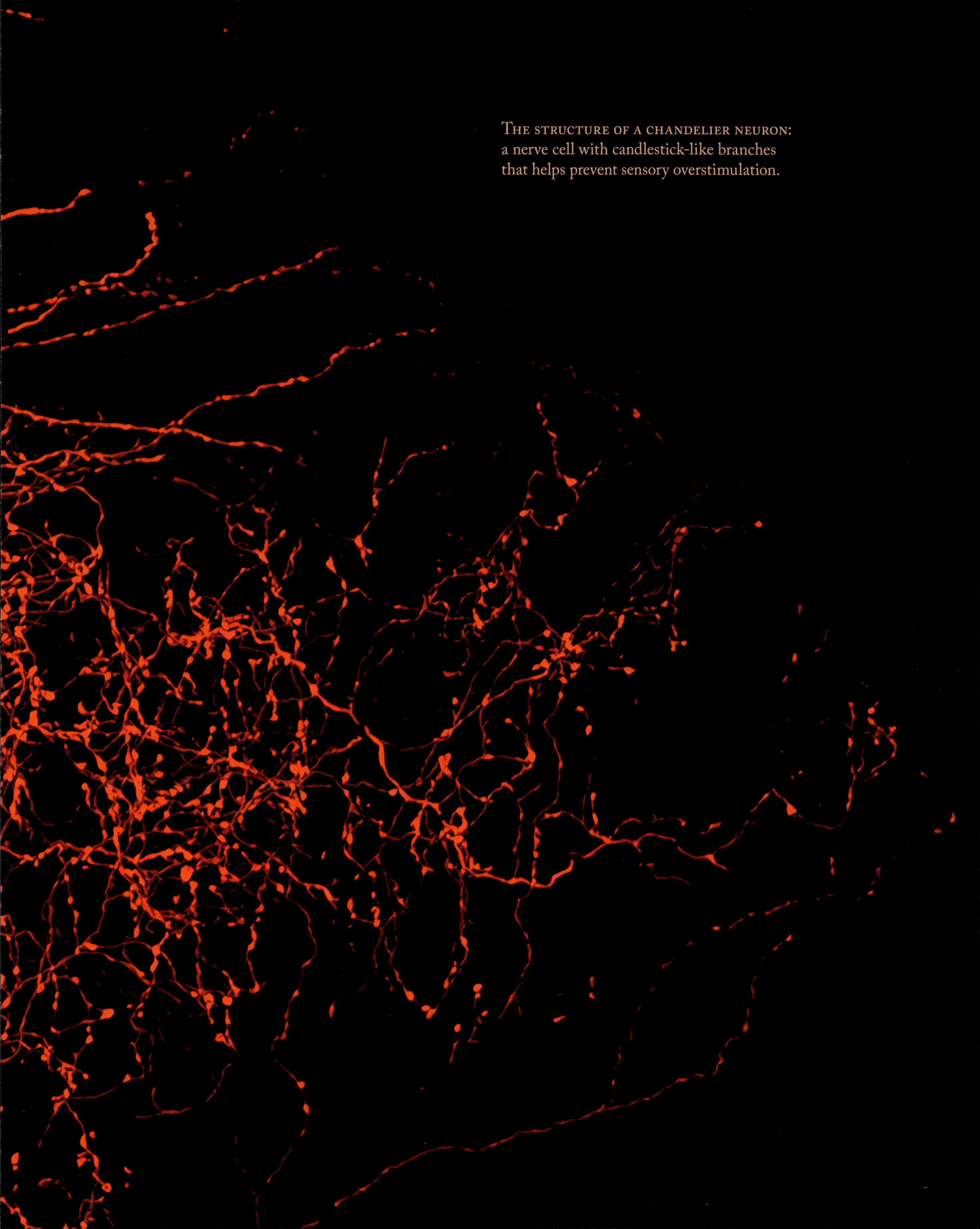

The structure of a chandelier neuron: a nerve cell with candlestick-like branches that helps prevent sensory overstimulation.

De bits en bytes van de hersenen

> Wanneer deze neuronen niet goed functioneren, kan het brein moeite hebben om zintuiglijke prikkels te filteren.

Een *chandelier*-neuron dankt zijn naam aan zijn opvallende vorm, die doet denken aan een kandelaar met vele armen. Deze zenuwcel speelt een belangrijke rol in het afremmen van hersenactiviteit. In plaats van, zoals de meeste neuronen, verbindingen te maken met de takken of het cellichaam van andere zenuwcellen, maakt een chandelier-neuron contact met het beginpunt van hun axon – het deel dat elektrische signalen doorstuurt. Door precies op die plek een remmend signaal te geven kan het zeer nauwkeurig bepalen wanneer een andere zenuwcel wel of niet 'vuurt' en zo de communicatie in de hersenen fijn afstemmen.

In dit beeld hebben wetenschappers genetisch gemodificeerde muizen gebruikt en een fluorescerend eiwit geïntroduceerd om chandelier-neuronen te verlichten, waardoor hun ingewikkelde structuren zichtbaar worden. Deze methode bouwt voort op het baanbrekende werk van Santiago Ramón y Cajal, een Nobelprijswinnaar uit het begin van de 20e eeuw, die als eerste neurale circuits in kaart bracht.

Chandelier-neuronen helpen samen met andere remmende neuronen de hersenen om zintuiglijke informatie te filteren en overbelasting te voorkomen. Stel je voor dat je een drukke supermarkt binnenloopt – felle lichten, harde geluiden en een mengeling van verschillende geuren. Ondanks de overweldigende zintuiglijke prikkels kun je je toch concentreren op het vinden van je favoriete snack. Dit vermogen om afleidingen te blokkeren en relevante informatie voorrang te geven, is grotendeels te danken aan remmende neuronen. Wanneer deze neuronen niet goed functioneren, zoals bij sommige mensen met een autismespectrumstoornis (ASS), kan het brein moeite hebben om zintuiglijke prikkels te filteren, wat leidt tot overgevoeligheid en zintuiglijke overbelasting.

Onderzoek naar de ontwikkeling en functie van remmende neuronen heeft verstrekkende gevolgen. Bij epilepsie hebben wetenschappers bijvoorbeeld met succes gentherapie toegepast om de functie van remmende neuronen te herstellen, waardoor het aantal aanvallen in ernstige gevallen aanzienlijk afnam. Een beter begrip van hoe deze neuronen worden gevormd en functioneren, kan leiden tot doorbraken in het herstel van beschadigde hersencircuits en de ontwikkeling van nieuwe behandelingen voor neurologische aandoeningen.

The brain's bit and bytes

A CHANDELIER NEURON is named for its distinctive candlestick-like shape and plays a crucial inhibitory role in the brain by damping neural activity. Unlike most neurons, which form connections with the dendrites or cell bodies of other nerve cells, these specialized inhibitory neurons synapse onto the axon initial segment – the point where electrical signals are generated and sent onward. By delivering inhibition at precisely this site, a chandelier neuron can tightly control whether another neuron fires or remains silent, thereby finely tuning communication within neural circuits.

In this image, scientists used genetically modified mice and introduced a fluorescent protein to illuminate chandelier neurons, making their intricate structures visible. This method builds on the pioneering work of Santiago Ramón y Cajal, a Nobel Laureate from the early 20th century, who first mapped neural circuits.

Chandelier neurons, along with other inhibitory neurons, help the brain filter sensory information to prevent overload. Imagine walking into a busy supermarket – bright lights, loud sounds, and a mix of different smells. Despite the overwhelming sensory input, you can still focus on finding your favourite snack. This ability to block out distractions and prioritise relevant information is largely due to inhibitory neurons. When these neurons do not function properly, as seen in some individuals with autism spectrum disorder (ASD), the brain may struggle to filter sensory input, leading to hypersensitivity and sensory overload.

Research into the development and function of inhibitory neurons has far-reaching implications. In epilepsy, for example, scientists have successfully used gene therapy to restore inhibitory neuron function, significantly reducing seizures in severe cases. A deeper understanding of how these neurons form and function could lead to breakthroughs in repairing damaged brain circuits and developing new treatments for neurological disorders.

> When these neurons do not function properly, the brain may struggle to filter sensory input.

Een *Octopus vulgaris*-larve, pas uit het ei gekomen.

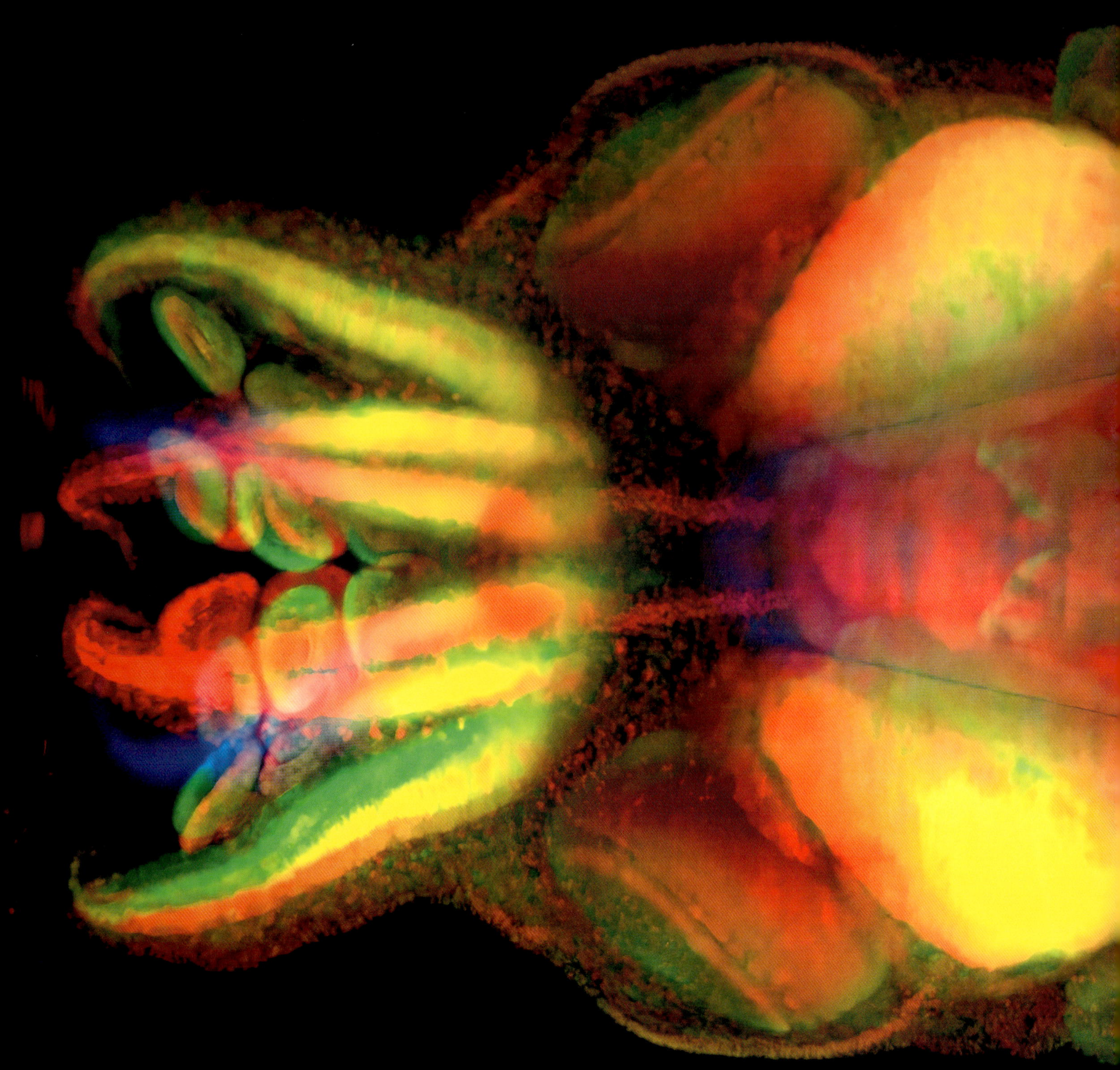

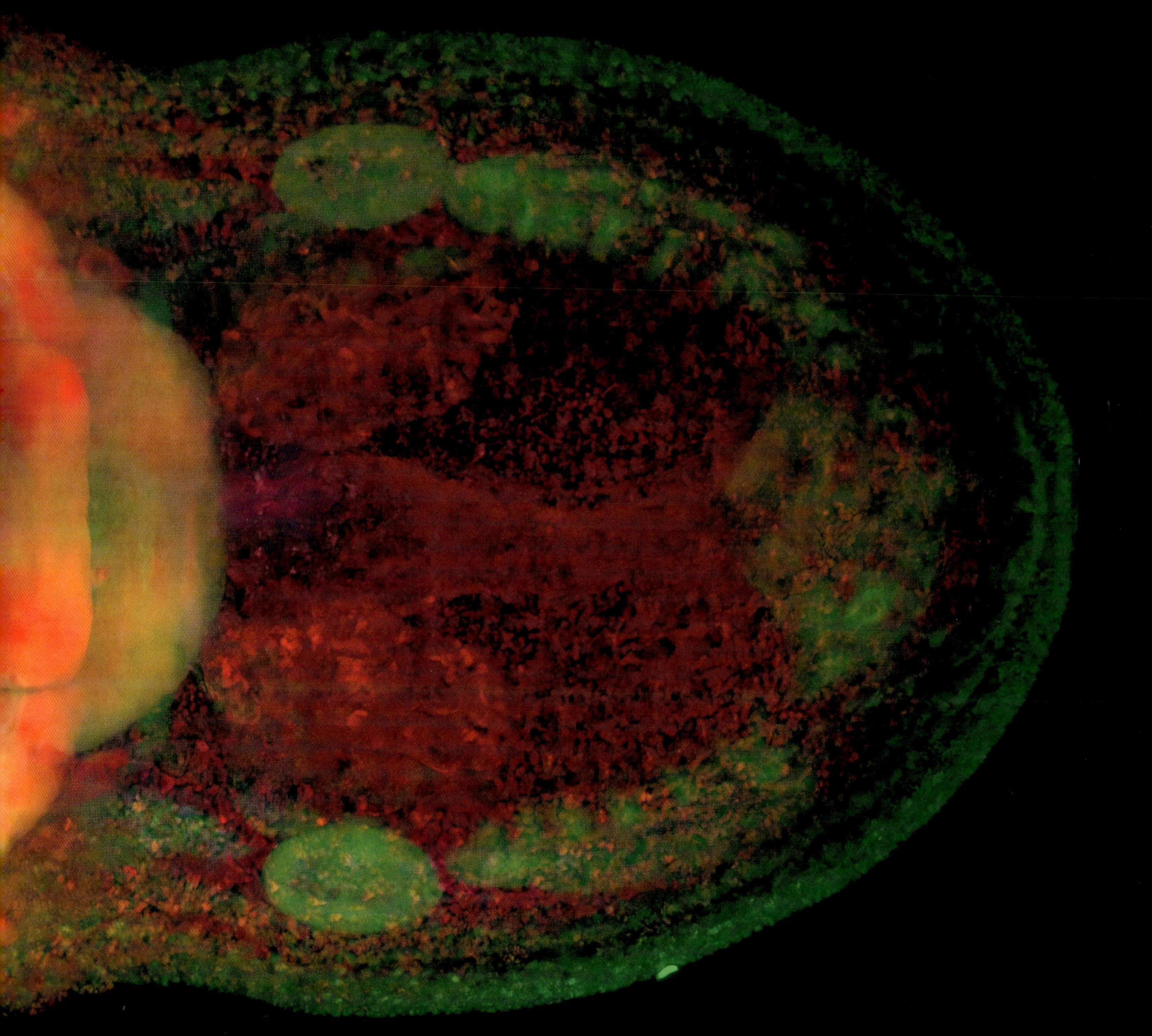

A newly hatched *Octopus vulgaris* larva.

Ontwikkeling van het brein van octopussen

> Octopussen hebben een zeer uitgebreid zenuwstelsel.

Dit beeld kwam tot stand na het kleuren van celkernen en het optisch doorzichtig maken van een *Octopus vulgaris*-larve. Daarna werkten we met 'lightsheet'-beeldvorming, wat ervoor zorgt dat je als het ware doorheen het hele dier alle celkernen ziet. Na de beeldvorming (in zwart-wit) kent software telkens een verschillende kleur toe aan verschillende signaalintensiteiten. Wat meteen opvalt zijn het grote brein tussen de ogen, de intense kleuring van de neuronen in de armen, en de schijnbare disconnectie van beide neurale systemen op deze jonge leeftijd.

Octopussen, inktvissen en zeekatten zijn weekdieren, maar hebben in vergelijking met andere weekdieren zoals slakken en mossels een zeer uitgebreid zenuwstelsel. De gemeenschappelijke voorouder van mens en octopus leefde ongeveer 550 miljoen jaar geleden en had wellicht geen uitgebreid zenuwstelsel. Een van de kernvragen is nu hoe dit uitgebreide zenuwstelsel in octopussen is ontstaan, hoe het zich ontwikkelt en hoe dit brein functioneert in de vroege levensfasen.

Hoewel we veel weten over het zenuwstelsel van dieren zoals muizen, zebravissen en fruitvliegen, is er nog weinig bekend over weekdieren. Deze dieren bestaan in allerlei vormen, met zenuwstelsels die variëren van eenvoudig tot zeer complex. Door te onderzoeken welke genetische en cellulaire processen verantwoordelijk zijn voor de ontwikkeling van het grote brein van een octopus, leren we niet alleen meer over hen, maar ontdekken we ook hoe complexe netwerken in de hersenen kunnen ontstaan. Dit draagt bij aan ons begrip van verschillende vormen van intelligentie in de natuur.

Octopus brain development

THIS IMAGE WAS CREATED BY staining cell nuclei and making an *Octopus vulgaris* larva optically transparent. After this we used 'lightsheet' imaging, which makes it possible to see all the cell nuclei throughout the animal. After the (black-and-white) image is created, a software program assigns a different colour to different signal intensities. The immediately obvious features are the large brain between the eyes, the intense staining of the neurons in the arms and the apparent disconnection of the two neural systems at this young age.

Octopuses have a very elaborate nervous system.

Octopuses, squids and cuttlefish are molluscs, but they have a very elaborate nervous system compared to other molluscs such as snails and mussels. The common ancestor of both man and octopus lived about 550 million years ago and probably did not have an extensive nervous system. One of the key questions is therefore how this elaborate nervous system came into being in octopuses, how it develops and how the brain functions in the early stages of life.

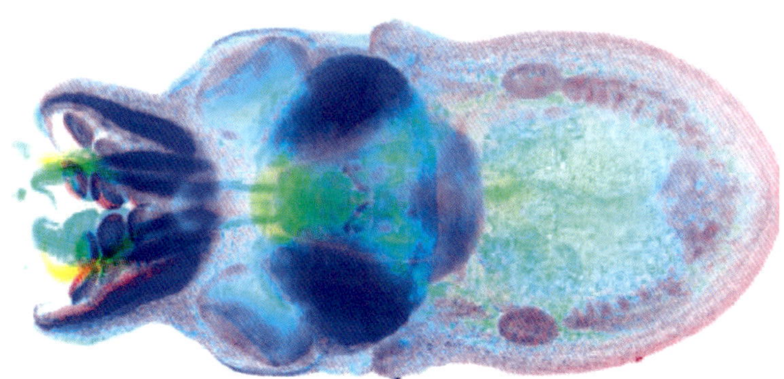

Although we know a lot about the nervous systems of animals such as mice, zebrafish and fruit flies, little is known about molluscs. These animals exist in many forms, with nervous systems ranging from simple to highly complex. Studying the genetic and cellular processes that are responsible for the development of an octopus's large brain, allows us not only to learn more about them, but also to discover how complex networks can form in the brain. This is contributing towards our understanding of different forms of intelligence in nature.

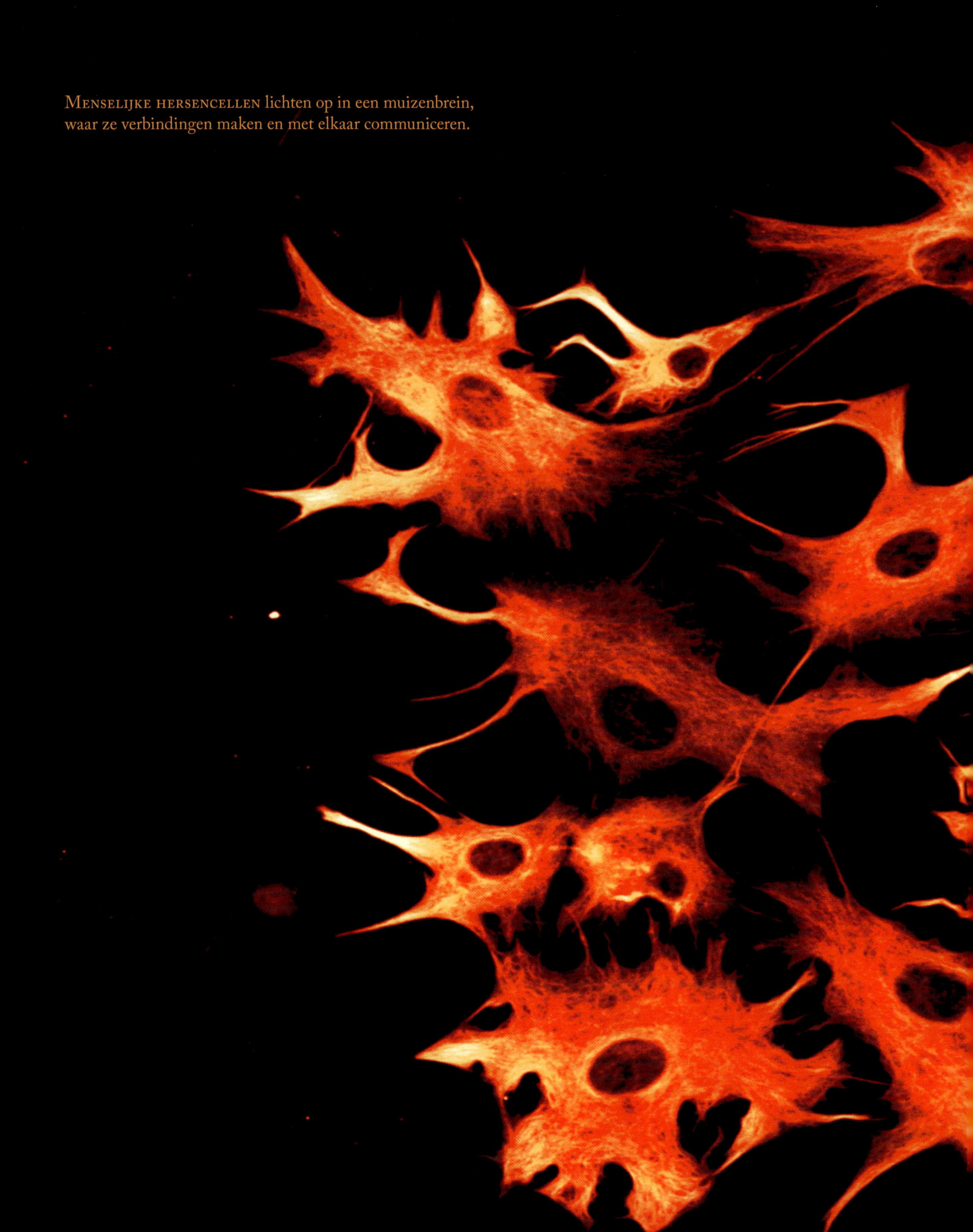

Menselijke hersencellen lichten op in een muizenbrein, waar ze verbindingen maken en met elkaar communiceren.

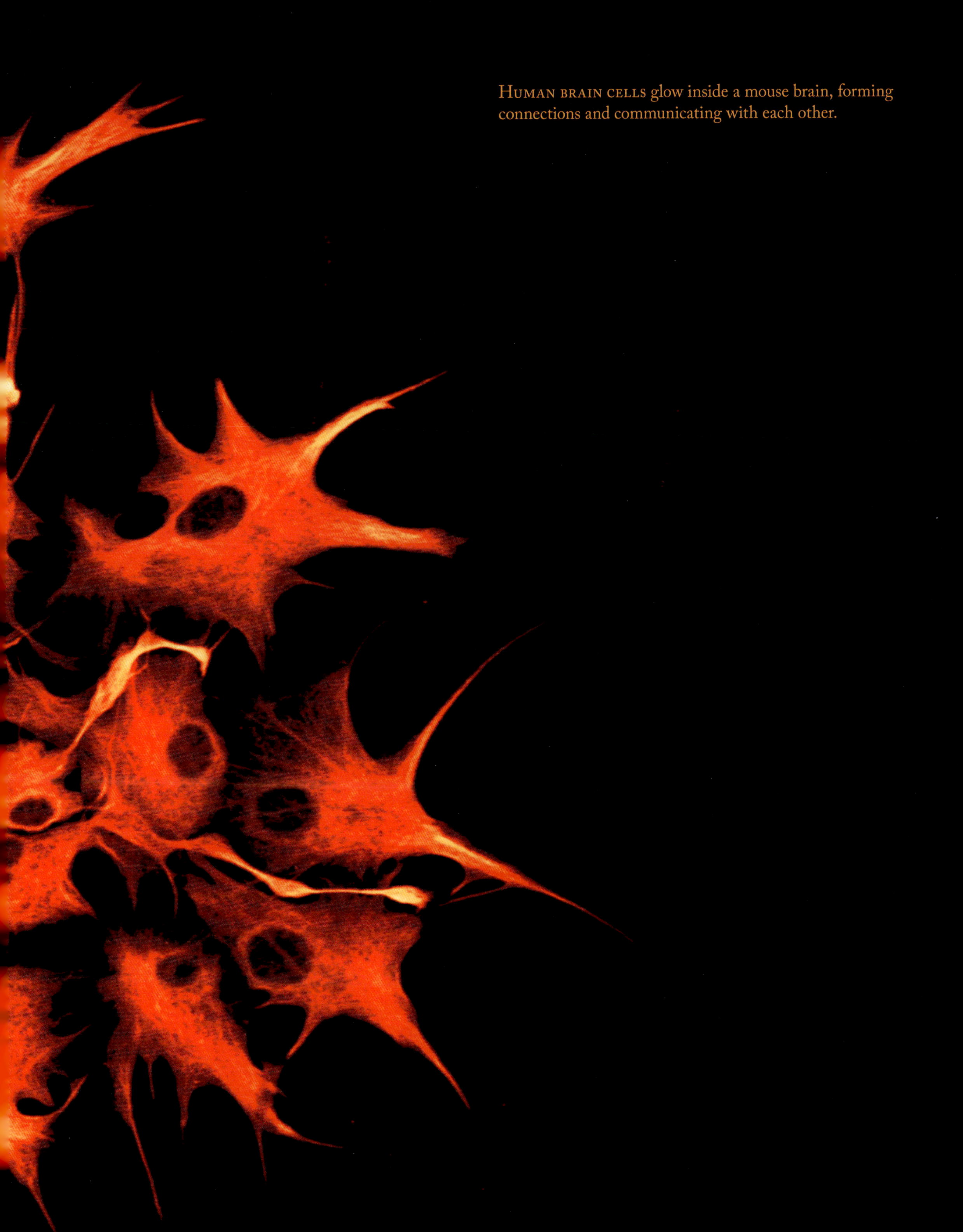

Human brain cells glow inside a mouse brain, forming connections and communicating with each other.

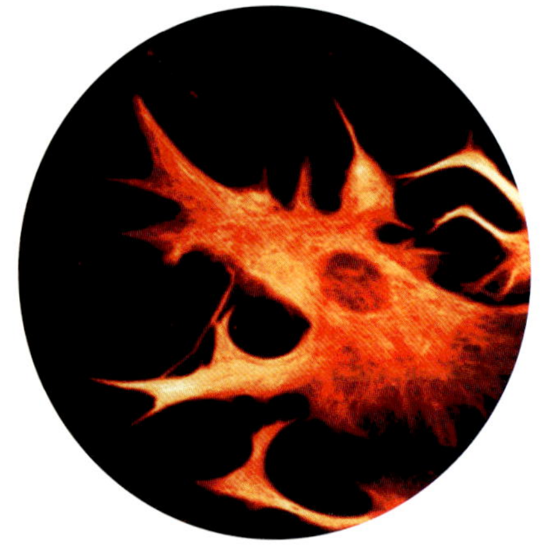

Een menselijke interactie in een muizenbrein

> Neuronen en microglia vormen een levend menselijk netwerk, dat kan blijven bestaan binnen het brein van een muis.

DEZE AFBEELDING laat iets zien wat ooit ondenkbaar leek: menselijke hersencellen die hun plek vinden in het brein van een muis. Menselijke neuronen, die oplichten in warme tinten, leggen verbindingen met elkaar, terwijl menselijke microglia (de immuuncellen van de hersenen) zich ertussen bewegen. Samen vormen ze een levend menselijk netwerk, dat kan blijven bestaan binnen een andere soort.

Het verhaal begint in het lab, waar neuronen en microglia worden gekweekt uit menselijke stamcellen. Daarna worden ze getransplanteerd in muizen die zelf geen microglia hebben. De cellen krijgen de tijd om zich te vestigen, verbindingen te maken en te reageren op hun omgeving. Met behulp van hogeresolutiemicroscopie wordt dit proces vastgelegd en zichtbaar gemaakt: een stille choreografie van cellen die aan het werk zijn.

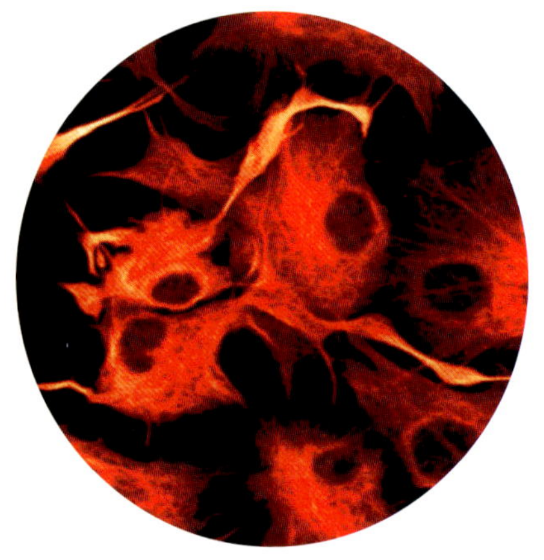

Dit onderzoek is vooral gericht op de ziekte van Alzheimer, waarbij neuronen uitvallen en immuunreacties mede bepalen hoe de achteruitgang verloopt. Door te bestuderen hoe menselijke neuronen en microglia met elkaar communiceren in een levend brein, kunnen wetenschappers onderzoeken hoe genetisch risico en immuunactiviteit samenhangen – vaak al lang voordat de eerste symptomen verschijnen.

En de betekenis gaat verder dan alleen alzheimer. Met deze aanpak kunnen onderzoekers menselijke interacties in de hersenen bestuderen terwijl ze zich echt afspelen. Zo wordt de kloof kleiner tussen laboratoriummodellen en de complexiteit van echte biologie, en ontstaan nieuwe kansen voor nauwkeurigere behandelingen die beter aansluiten bij de mens.

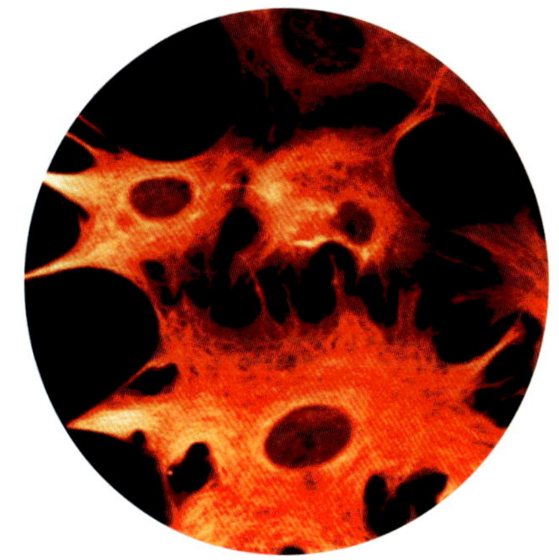

A human dialogue inside a mouse brain

THIS IMAGE shows something once unimaginable: human brain cells finding their place inside a mouse brain. Human neurons, glowing in warm tones, extend their connections, while human microglia (the brain's immune guardians) move among them. Together, they form a living human network, sustained within another species.

The journey begins in the lab, where neurons and microglia are grown from human stem cells. Transplanted into mice that lack their own microglia, these cells are given time to settle, connect, and respond. What remains is captured through high-resolution microscopy, revealing a quiet choreography of cells at work.

This research is driven by Alzheimer's disease, where neurons fail and immune responses shape the course of decline. By observing how human neurons and microglia communicate in a living brain, scientists can explore how genetic risk and immune activity intertwine long before symptoms appear.

Beyond this disease, the implications reach further. This approach allows researchers to study human brain interactions as they unfold, bridging the gap between laboratory models and real biology, and opening new paths toward more precise, human-centred treatments.

> Neurons and microglia form a living human network that can be sustained within a mouse brain.

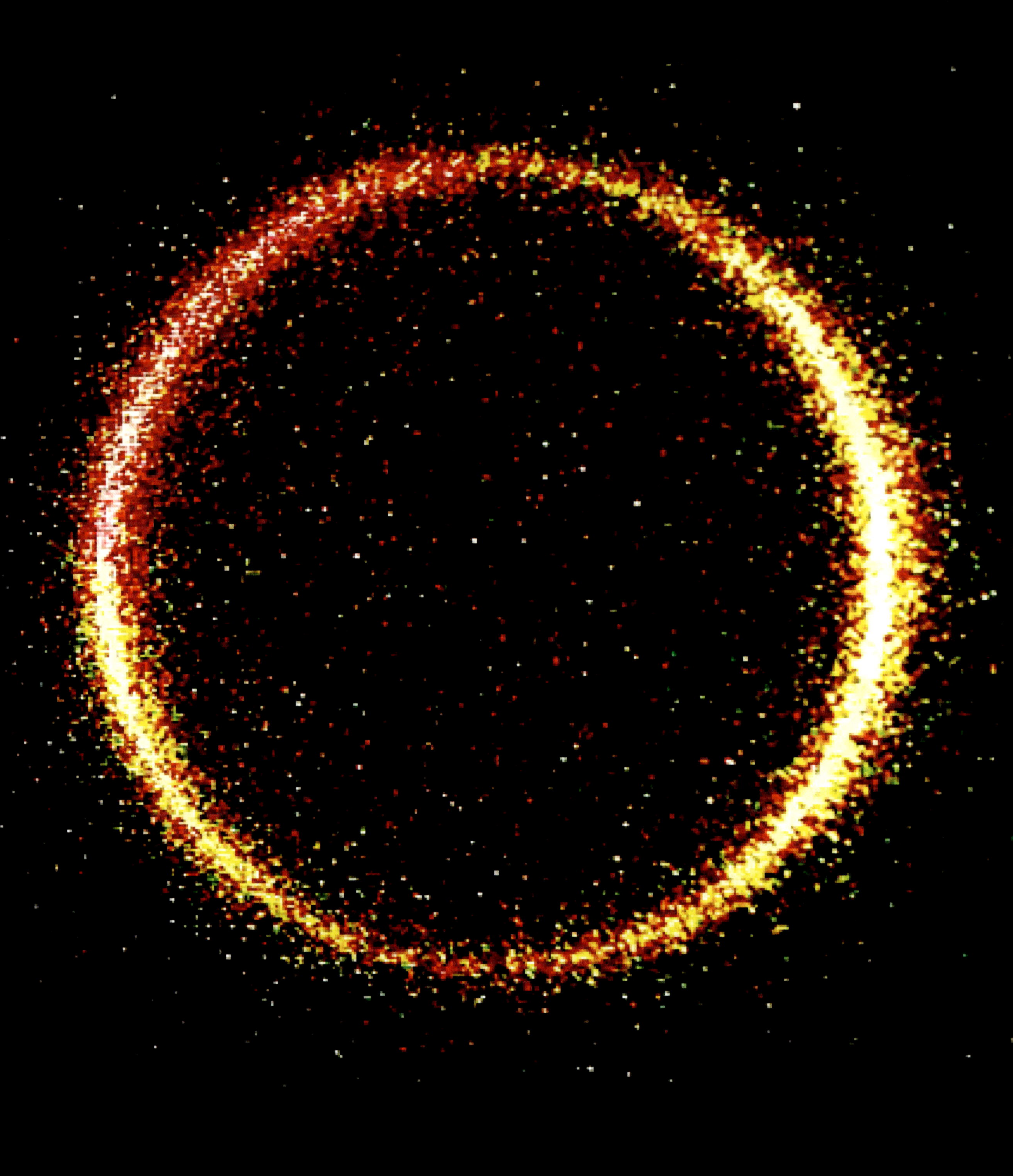

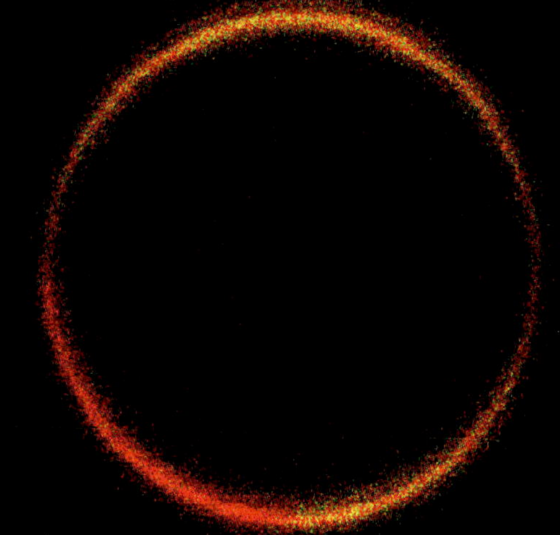

Microscopische opnames van een membraanvesikel afkomstig van een gekweekte menselijke Schwanncel waarbij bepaalde membraanlipiden gekleurd werden.

Microscopic image of a membrane vesicle derived from a cultured human Schwann cell in which certain membrane lipids were stained.

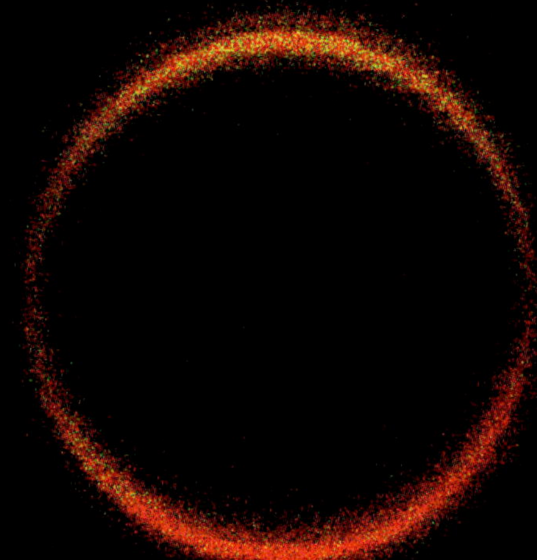

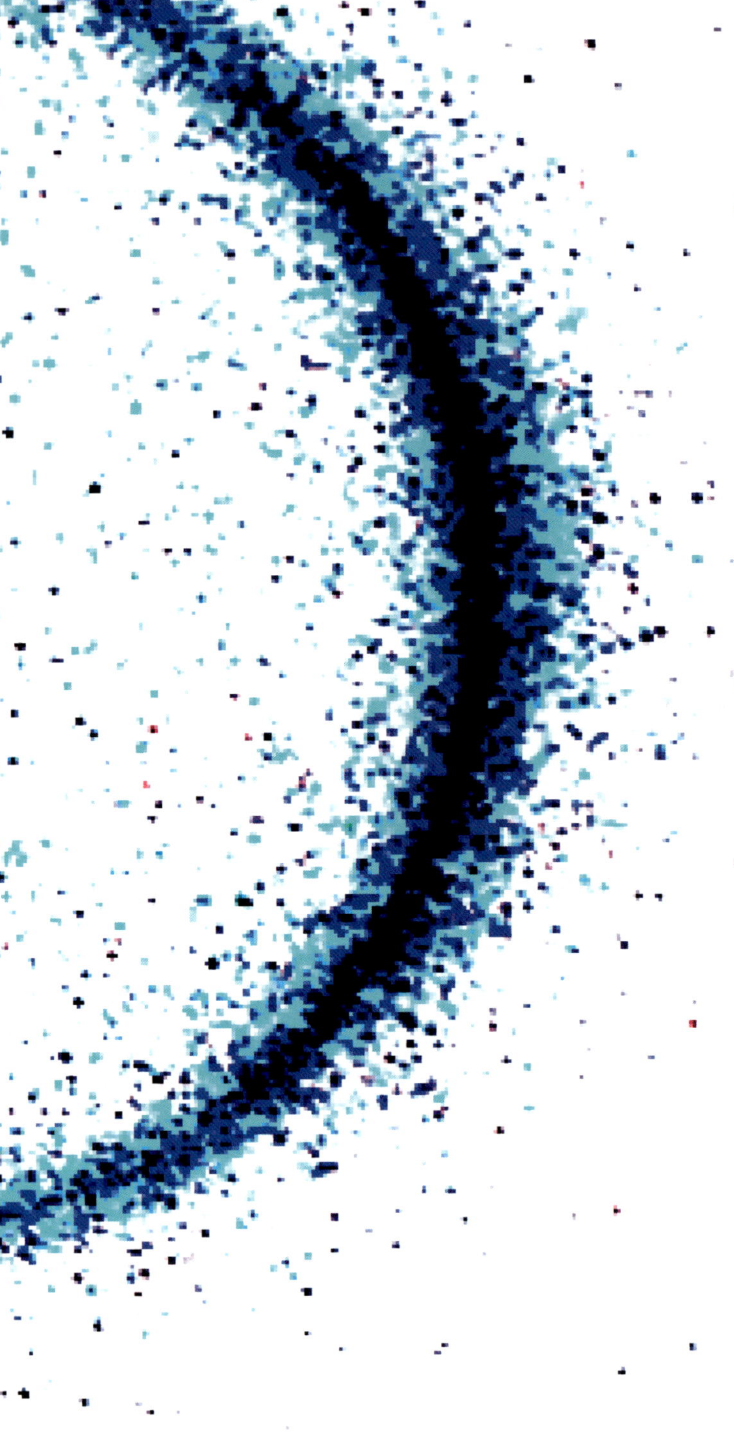

De verborgen structuren van het brein: een blik op de celmembraan

IS HET EEN ZONSVERDUISTERING? Een halo? Nee. Maar het is wel even fascinerend: een microscopisch klein deeltje van een celmembraan, behandeld met een speciale kleurstof. Dit membraan omhult onze cellen en speelt een cruciale rol in hoe ze functioneren. De kleuren die je ziet, zijn afkomstig van specifieke kleurstoffen, gebruikt om veranderingen in de membraanstructuur zichtbaar te maken. Dit helpt onderzoekers te begrijpen hoe cellen veranderen bij ziekten zoals ALS en perifere zenuwaandoeningen. Een beter begrip van wat er misgaat op celniveau helpt om gerichter te zoeken naar behandelingen.

Kijken we bijvoorbeeld naar amyotrofische laterale sclerose – in de volksmond beter bekend als ALS (geen spierziekte, maar een neurodegeneratieve aandoening, waarbij de motorische zenuwcellen in de hersenen en het ruggenmerg langzaam afsterven) – dan zien we dat patiënten hun spierfunctie verliezen en uiteindelijk verlamd raken, terwijl hun cognitieve vermogens meestal intact blijven. Maar wat is de oorzaak daarvan precies? Bij 10% van de mensen is het genetisch en worden meerdere familieleden getroffen door ALS, bij 90% ontstaat het zonder aanwijsbare reden. Ondanks veelbelovende klinische studies tasten onderzoekers nog steeds grotendeels in het duister over de échte oorzaken.

> Tot voor kort was er nauwelijks een behandeling voor ALS.

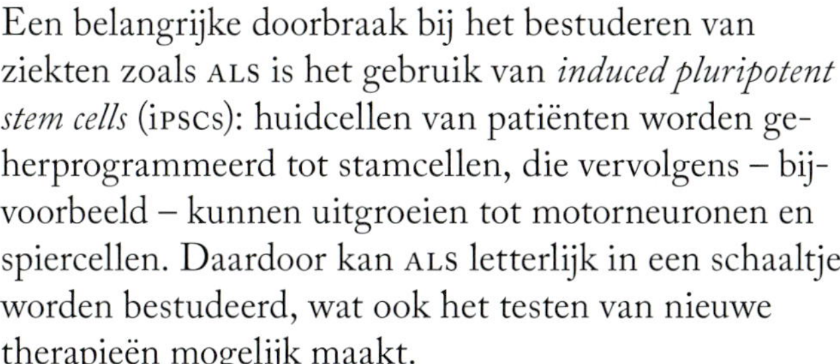

Een belangrijke doorbraak bij het bestuderen van ziekten zoals ALS is het gebruik van *induced pluripotent stem cells* (iPSCs): huidcellen van patiënten worden geherprogrammeerd tot stamcellen, die vervolgens – bijvoorbeeld – kunnen uitgroeien tot motorneuronen en spiercellen. Daardoor kan ALS letterlijk in een schaaltje worden bestudeerd, wat ook het testen van nieuwe therapieën mogelijk maakt.

Revolutionair? Zeker! Tot voor kort was er nauwelijks een behandeling voor ALS, Maar dankzij onderzoek bestaat er vandaag al een medicijn dat bij bepaalde patiënten de ziekte kan afremmen en soms zelfs verbetering kan geven. Dat was jarenlang ondenkbaar. Dit bewijst dat ALS geen onomkeerbaar lot hoeft te zijn. Nieuwe technologieën zoals AI en big data zouden bovendien kunnen helpen bij het sneller ontdekken van patronen in het ziekteproces, zodat mogelijke therapieën efficiënter getest kunnen worden.

> Until recently, there was almost no treatment for ALS.

The hidden structures of the brain: a look at the cell membrane

IS IT A SOLAR ECLIPSE? Is it a halo? No, but it is something equally fascinating: a microscopic particle of a cell membrane treated with a special dye. This membrane envelops our cells and plays a crucial role in the way they function. The colours you see come from specific dyes used to reveal changes in membrane structure. This helps researchers to understand how cells change in diseases like ALS and peripheral nerve disorders. A better understanding of what is going wrong at the cellular level makes it easier to search for treatments in a more targeted way.

Looking, for example, at amyotrophic lateral sclerosis, which is commonly known as ALS or motor neurone disease (not a muscle disease, but a neurodegenerative disorder, in which motor nerve cells in the brain and spinal cord slowly die off) - we see that patients lose muscle function and eventually become paralysed, while their cognitive abilities usually remain intact. What exactly causes this? In 10% of people it is genetic, so multiple family members are affected by ALS, while in 90% it occurs for no apparent reason. Despite promising clinical studies, researchers are still mostly in the dark about the real causes.

One major breakthrough in studying diseases such as ALS is the use of induced pluripotent stem cells (iPSCs): skin cells from patients are reprogrammed into stem cells, which can then – for example – grow into motor neurons and muscle cells. This literally makes it possible to study ALS in a dish and, importantly, also to test new treatments.

Is this revolutionary? Definitely! Until recently, there was almost no treatment for ALS. Thanks to research, a drug is already in existence that can slow the disease in certain patients and can sometimes even bring about an improvement. That was unthinkable for many years, but it proves that ALS is not necessarily an irreversible fate. New technologies such as AI and big data could also help to detect patterns in the disease process more quickly so that potential therapies can be tested more efficiently.

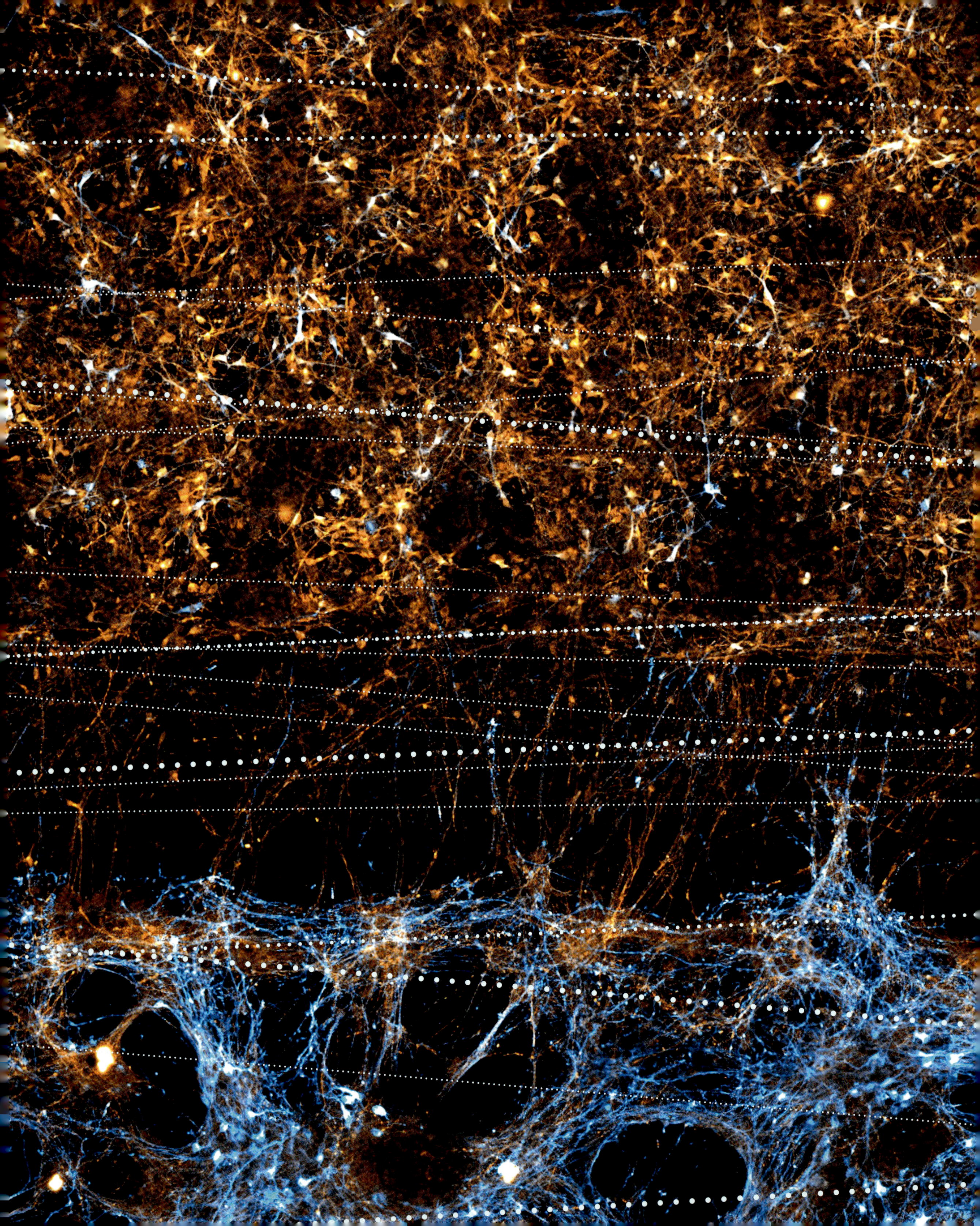

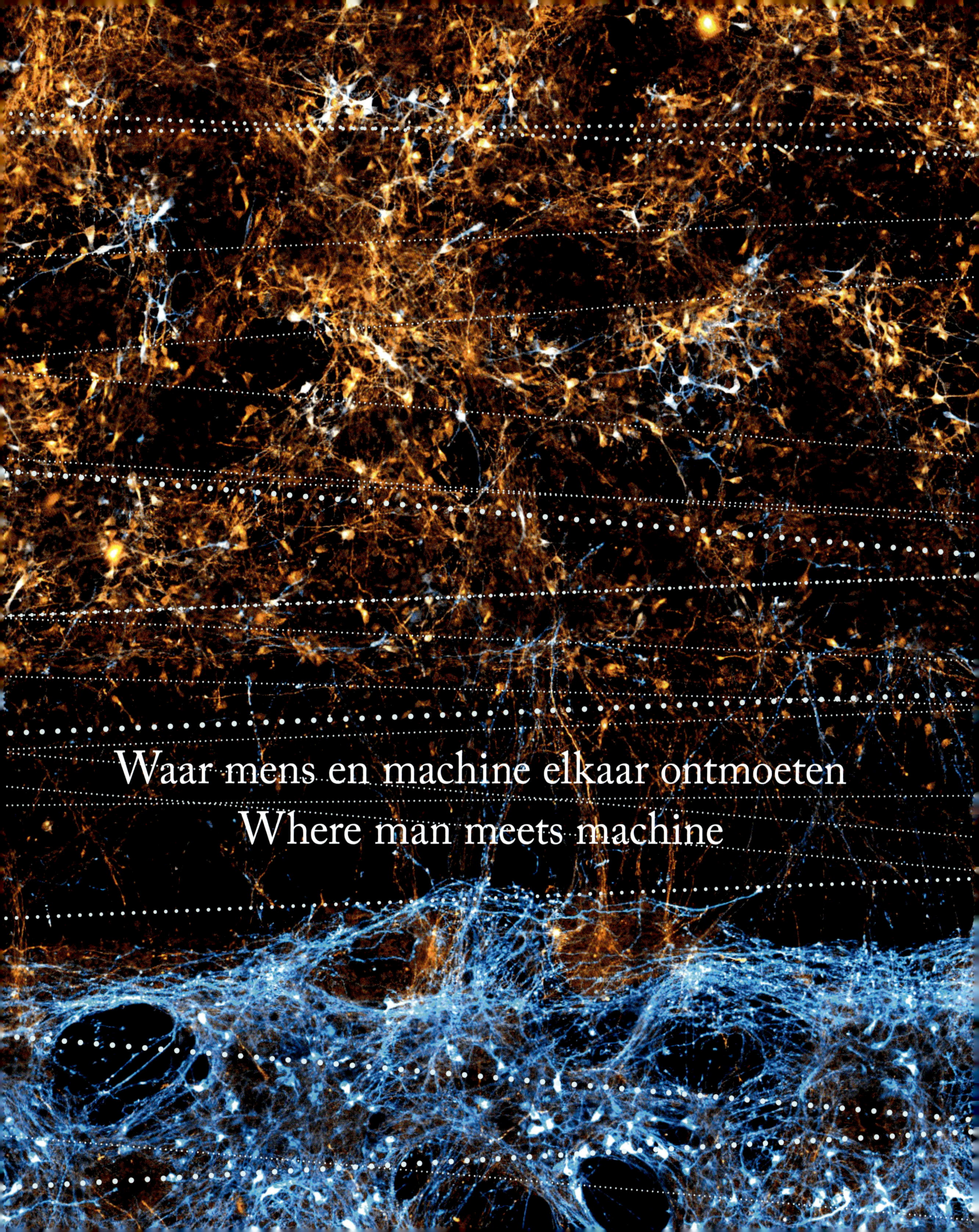
Waar mens en machine elkaar ontmoeten
Where man meets machine

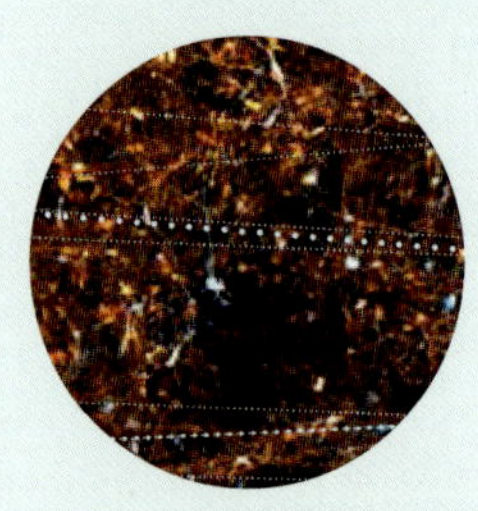

3. Waar mens en machine elkaar ontmoeten

Een deel dat nogal tot de verbeelding kan spreken. Mens en machine? Hebben we het dan over robots? Want met de ontwikkeling van alle AI-gestuurde *robotic humanoids* zitten we vandaag in een zeer boeiend tijdsgewricht.

We hebben het niet daarover, maar wel over het grensgebied waar neurowetenschap en technologie elkaar ontmoeten. Onderzoekers ontwikkelen systemen die het brein niet alleen observeren, maar er ook rechtstreeks mee in wisselwerking treden. Elektrodes registreren elektrische signalen, hersenchips vertalen intenties naar actie, en virtuele omgevingen creëren nieuwe manieren om te leren, te revalideren of te begrijpen hoe het brein reageert.

Onderzoekers ontwikkelen systemen die het brein niet alleen observeren, maar er ook rechtstreeks mee in wisselwerking treden.

Die technologieën doen meer dan meten en stimuleren. Ze dwingen ons ook om na te denken. Waar eindigt het lichaam en begint de machine? Wat betekent autonomie wanneer een algoritme meebeslist? En hoe bewaren we menselijkheid in een toekomst waarin brein en technologie steeds nauwer verstrengeld raken? Dus toch robots?

Dit deel laat zien hoe innovatie en voorzichtigheid hand in hand moeten gaan. Niet als belofte van perfectie, maar als zoektocht: hoe technologie het brein kan ondersteunen zonder het te overheersen, en hoe wetenschap ons kan helpen om die nieuwe mogelijkheden ethisch, menselijk en betekenisvol te gebruiken.

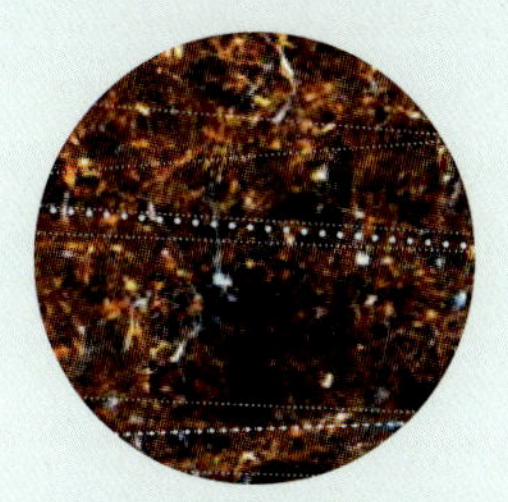

3. Where man meets machine

THIS VOLUME MIGHT SPARK THE IMAGINATION. Man and machine? Are we talking about robots now? With the development of all AI-controlled robotic humanoids, we are entering a very exciting period.

We are not going to talk about that, but about the frontier where neuroscience meets technology. Researchers are developing systems that not only observe the brain, but directly interact with it. Electrodes record electrical signals, brain chips translate intentions into action, and virtual environments create new ways to learn, rehabilitate or understand how the brain responds.

Researchers are developing systems that not only observe the brain, but directly interact with it.

These technologies do more than just measure and stimulate. They also force us to reflect. Where does the body end and the machine begin? What does autonomy mean when an algorithm is co-deciding? How do we preserve humanity in a future where the brain and technology are increasingly intertwined? So are we back to robots after all?

This volume shows how innovation and caution need to go hand in hand. Not as a promise of perfection, but as a quest to find out how technology can support the brain without dominating it, and how science can help us to use those new possibilities in ways that are ethical, humane and meaningful.

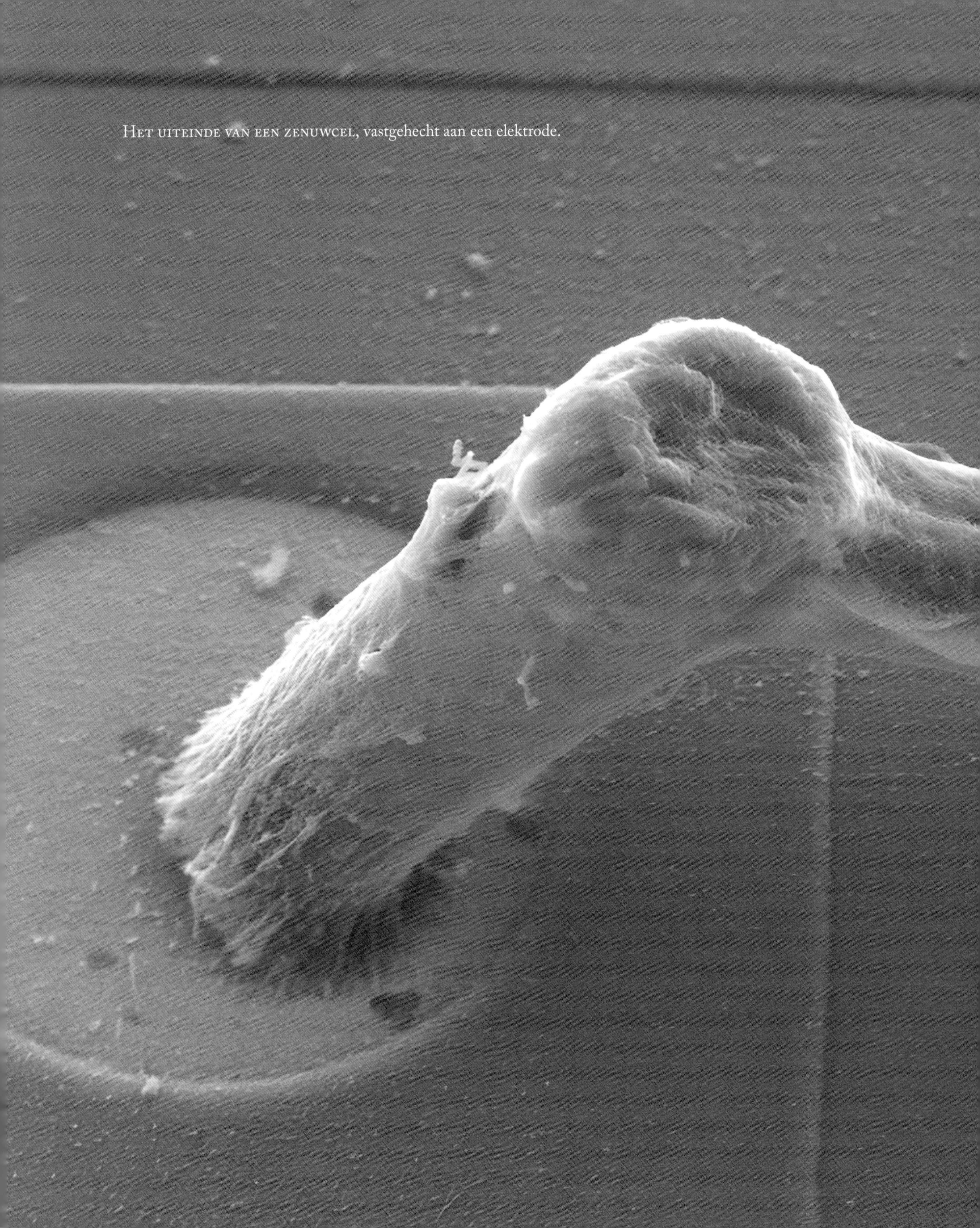

Het uiteinde van een zenuwcel, vastgehecht aan een elektrode.

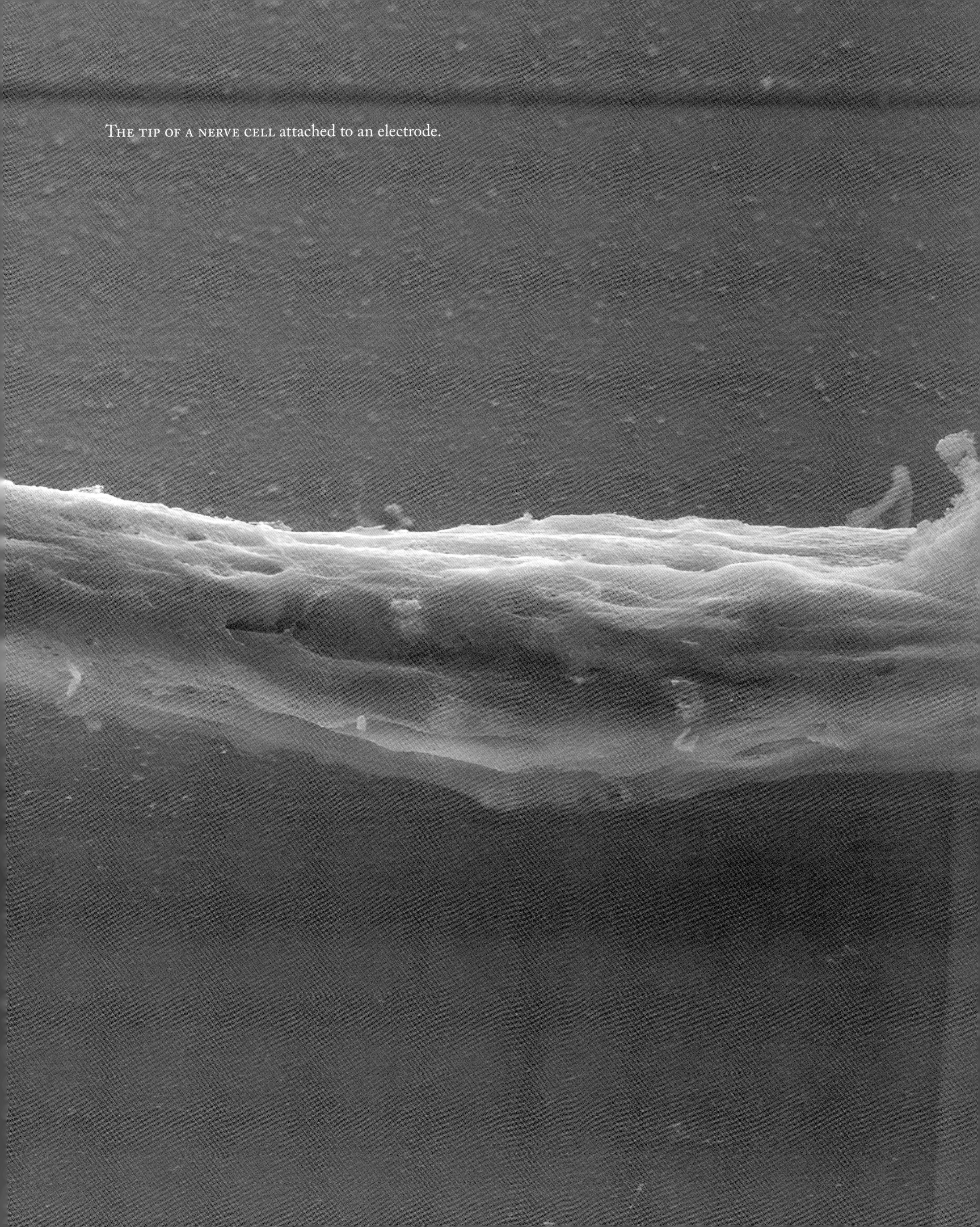

The tip of a nerve cell attached to an electrode.

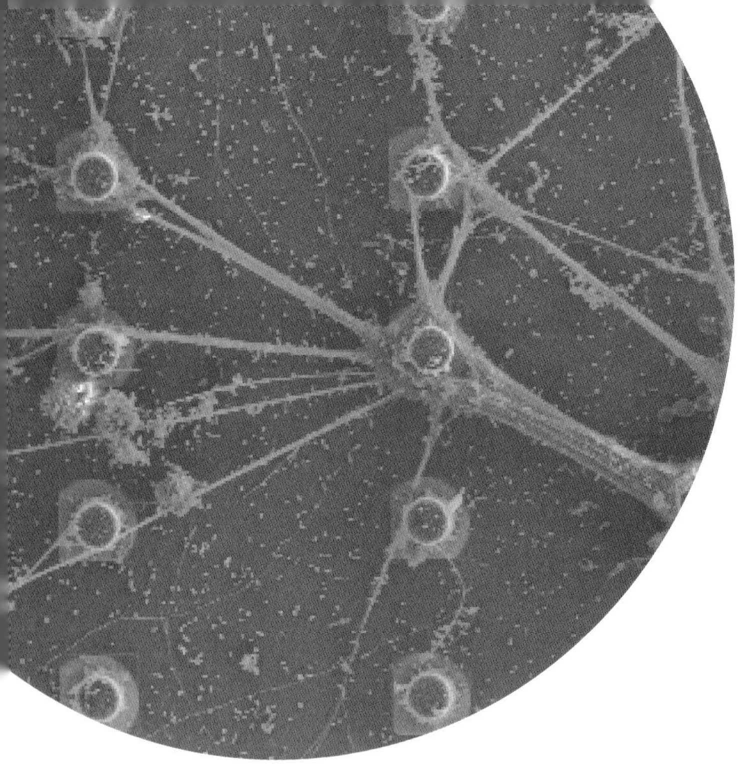

Het elektrische brein: interacties met elektroden

De afbeelding toont een microscopisch kleine, pilaarvormige elektrode waaraan een zenuwcel zich heeft vastgehecht. Dat gebeurt niet toevallig: de elektrode is uitgerust met eiwitten die een directe verbinding maken met specifieke zenuwcellen, alsof ze een 'handdruk' geven.

Dit beeld – en bij uitbreiding deze technologie – is het resultaat van een nauwe samenwerking tussen neurowetenschappers, moleculaire biologen en nano-elektronica-ingenieurs. De elektroden krijgen eerst een speciale coating, waarna die bedekt worden met minuscule 3D-structuren en moleculen die selectief verbindingen aangaan met in een lab gekweekte zenuwcellen. Waar conventionele hersenprobes alle activiteit in hun omgeving meten of stimuleren, richt deze probe zich specifiek op een selecte groep van zenuwcellen.

Deze elektrode richt zich op één type hersencel. Dat maakt gerichter en nauwkeuriger hersenonderzoek mogelijk.

Het onderzoek richt zich op fundamentele hersenprocessen, zoals hoe we nieuwe en bekende prikkels onderscheiden. De vandaag gebruikte probes registreren signalen zonder te weten welke cel ze genereert, wat resulteert in een kakofonie van signalen. Vergelijk het met de AI-transcriptie van een groepsgesprek waarin niet meer te achterhalen is wie wat gezegd heeft.

Deze nieuwe aanpak richt zich op één type hersencel. Dat maakt gerichter en nauwkeuriger hersenonderzoek mogelijk. Deze precisie brengt hersenwetenschap een stap verder en kan in de toekomst bijdragen aan betere behandelingen voor hersenaandoeningen, en het ontwikkelen van praktische toepassingen die het leven van patiënten kunnen verbeteren. Denk aan hersen-machine-interfaces waarmee mensen met verlamming gedachten kunnen omzetten in acties, zoals het aansturen van een robotarm of het spreken via een computer.

The electrical brain: interactions with electrodes

THE IMAGE SHOWS a microscopically small pillar-shaped electrode to which a nerve cell has attached itself. This does not happen by chance: the electrode has been equipped with proteins that connect directly to specific nerve cells, just like a 'handshake'.

This image - and by extension this technology - is the result of close collaboration between neuroscientists, molecular biologists and nanoelectronics engineers. The electrodes are first given a special coating, after which they are covered with tiny 3D structures and molecules that selectively connect to lab-grown nerve cells. While conventional brain probes measure or stimulate all the activity in their environment, this probe specifically targets a selected group of nerve cells.

This research focuses on fundamental processes in the brain, such as how we distinguish between new and familiar stimuli. The probes that are currently being used record signals without knowing which cell generates them, resulting in a cacophony of signals. It is similar to an AI transcript of a group conversation in which it is no longer possible to identify who said what.

The new approach targets a single type of brain cell, allowing more targeted and precise research into the brain. This precision approach takes brain science one step further and in future it could help to find better treatments for brain disorders and develop practical applications that can improve patients' lives. One example might be brain-machine interfaces that allow people with paralysis to turn their thoughts into actions, such as controlling a robotic arm or speaking through a computer.

This electrode targets a single type of brain cell, allowing more targeted and precise research into the brain.

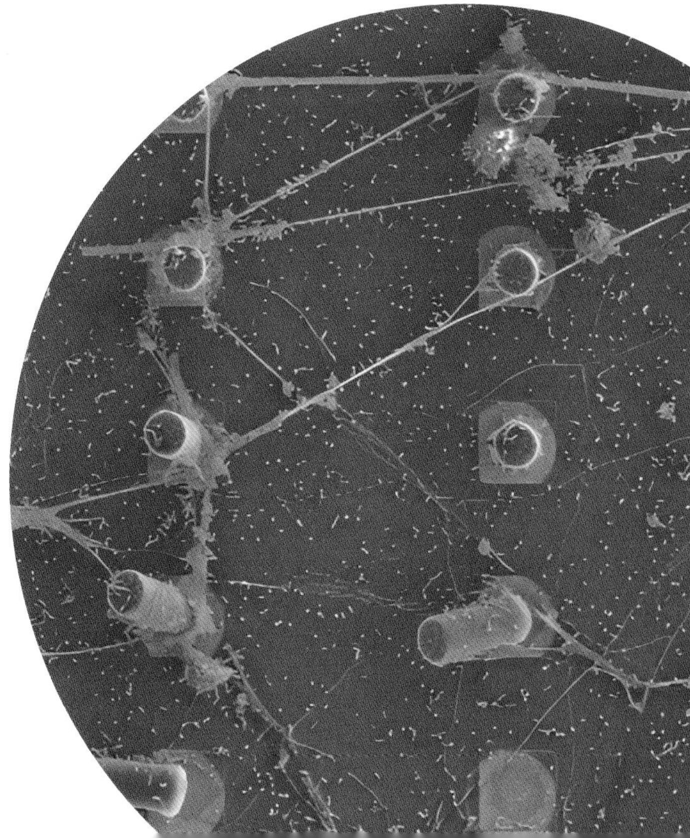

Een visualisatie van de hersenactiviteit in het brein van een resusaap, die wordt omgezet in bewegingen van een avatar in een virtuele omgeving.

A visualisation of brain activity in the brain of a rhesus monkey, which is converted into movements of an avatar in a virtual environment.

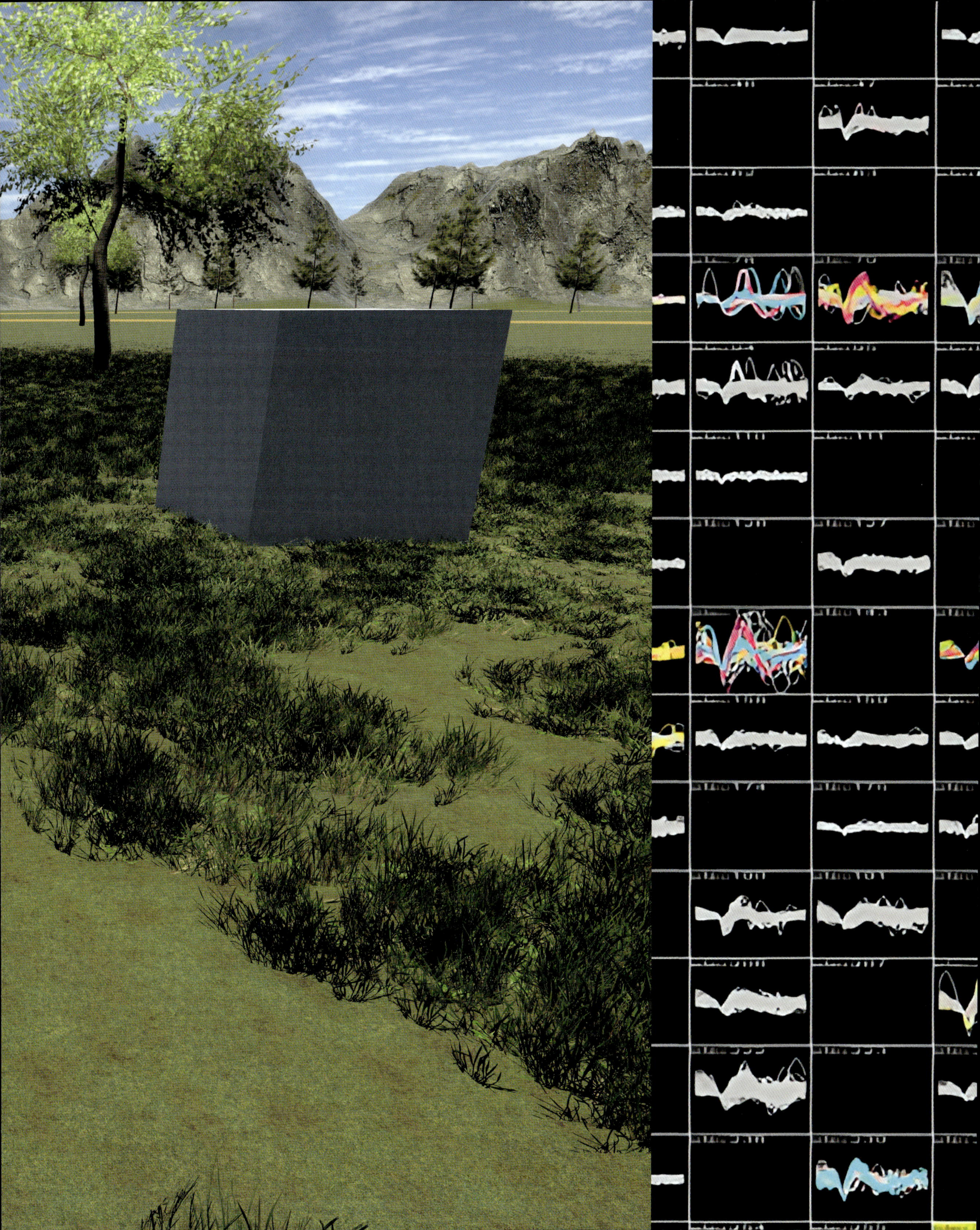

Het brein in virtual reality

EEN STILL UIT EEN GAME? Bijna! Het is een avatar van een resusaap die zich in een virtuele omgeving beweegt. Het markante aan dit beeld is dat de aap de avatar bestuurt puur door eraan te denken, zonder fysieke beweging. Zodra hij het doel – in dit geval een blokje – bereikt, krijgt hij een beloning. Dit systeem vormt een indrukwekkende visuele representatie van het brein dat direct een virtuele wereld aanstuurt.

> De aap bestuurt de avatar puur door eraan te denken, zonder fysieke beweging.

Deze afbeelding kwam tot stand dankzij experimenten met brain-machine-interfaces (BMI). Hier registreren bijvoorbeeld driehonderd geïmplanteerde elektroden de hersenactiviteit van de resusaap. De gedecodeerde signalen worden vervolgens omgezet in bewegingen van de avatar, in een virtualrealityomgeving, waarna de ingenieurs AI-componenten toevoegen om de bewegingen vlotter te laten verlopen en complexe situaties op te lossen.

Met dit onderzoek willen wetenschappers nieuwe technologieën ontwikkelen waarmee verlamde mensen opnieuw autonoom kunnen bewegen, enkel en alleen door aan beweging te denken. Met andere woorden: signalen van de hersenen worden omgezet in concrete acties, zoals het besturen van een rolstoel of robotarm. De virtualrealitytests tonen alvast aan dat een nabootsing van complexe situaties mogelijk is, die later toepasbaar zijn in de echte wereld. Daarnaast kan AI de interactie tussen mens en technologie ondersteunen, bijvoorbeeld door bewegingen te voorspellen of taken over te nemen. Wat dit onderzoek drijft, is de enorme maatschappelijke impact: het biedt mensen met een volledige verlamming de kans om hun autonomie terug te winnen.

The brain in virtual reality

A STILL FROM A GAME? Almost! This is an avatar of a rhesus monkey moving around in a virtual environment. The striking thing about this image is that the monkey is controlling the avatar simply by thinking about it, with no physical movement. As soon as he reaches the goal – in this case, a cube – he gets a reward. This system is an impressive visual representation of the brain directly controlling a virtual world.

The monkey is controlling the avatar simply by thinking about it, with no physical movement.

The picture was created thanks to experiments with brain-machine interfaces (BMIs). Here, for example, 300 implanted electrodes are recording the brain activity of the rhesus monkey. The decoded signals are then converted into movements of the avatar, in a virtual reality environment, after which engineers add AI components to smooth the movements and solve complex situations.

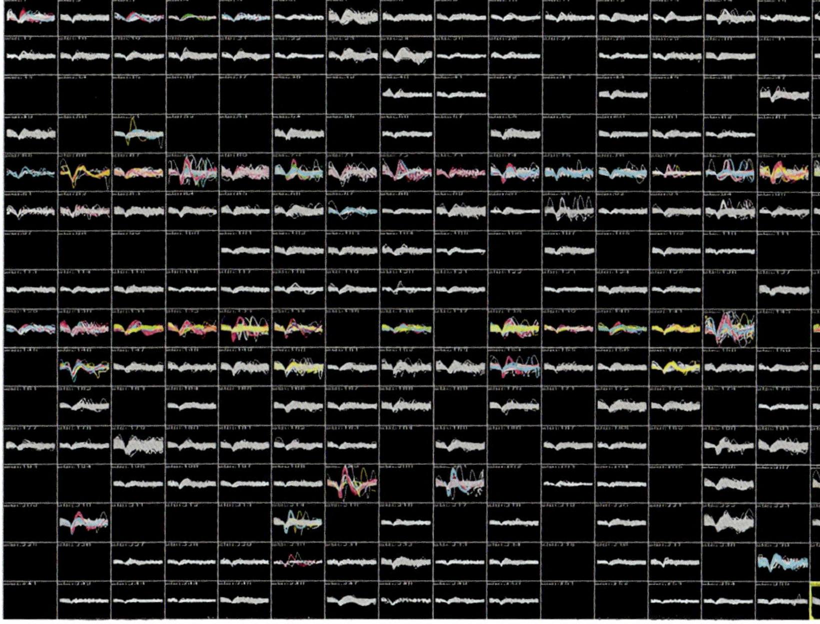

Using this research, scientists aim to develop new technologies that will allow paralysed people to move independently again just by thinking about movement. In other words, signals from the brain will be converted into concrete actions, such as controlling a wheelchair or robotic arm. These virtual reality tests are already showing that it is possible to mimic complex situations and this can later be applied in the real world. AI can support interaction between humans and technology, for example by predicting movements or taking over tasks. This research is being driven by the huge social impact of this area: it could offer people with total paralysis a chance to regain their independence.

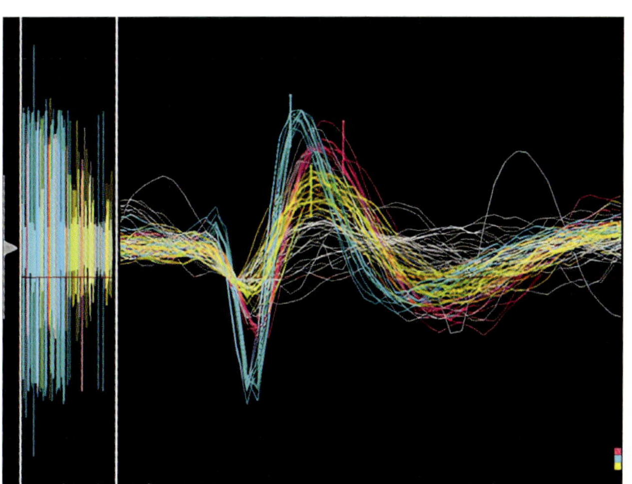

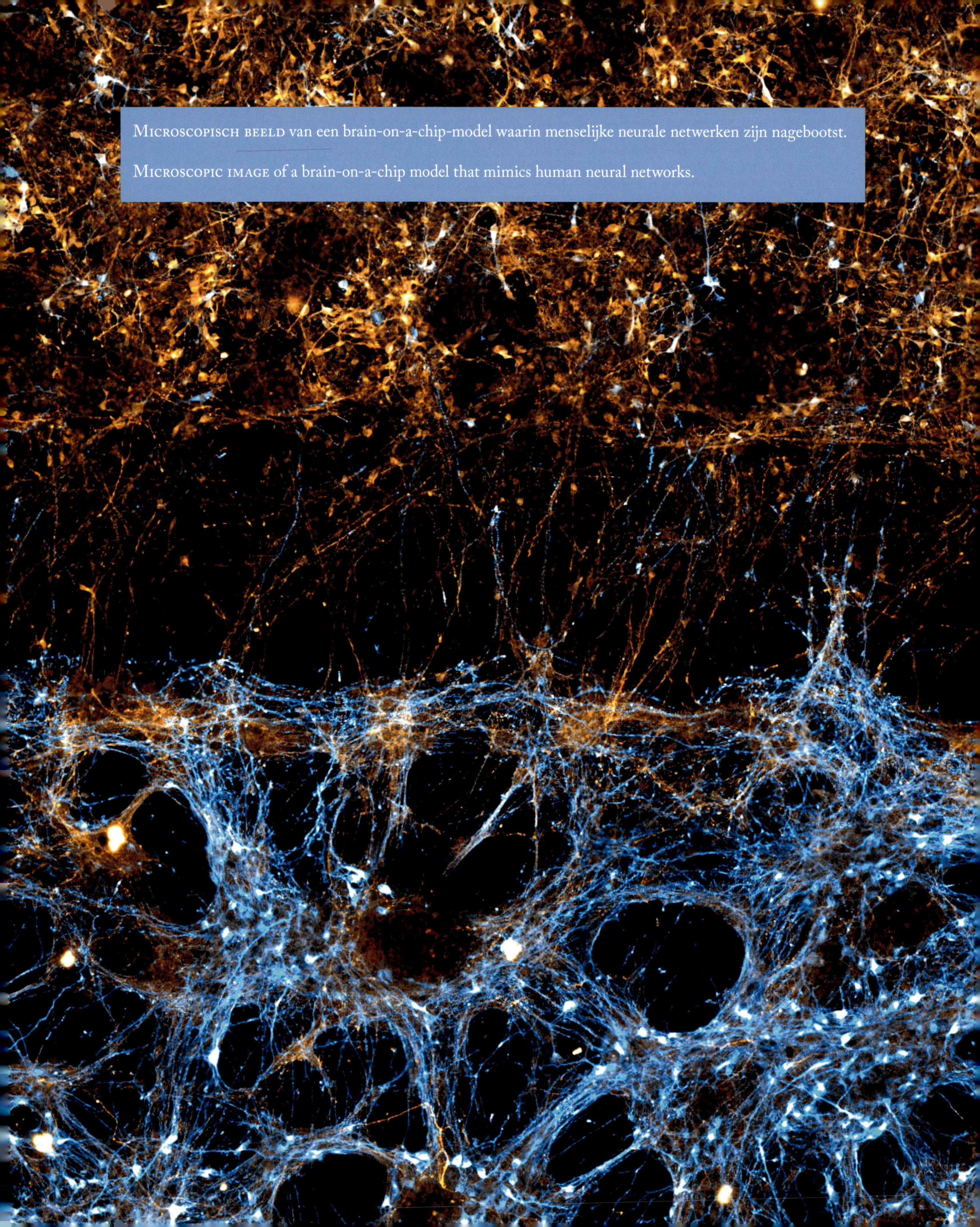

Microscopisch beeld van een brain-on-a-chip-model waarin menselijke neurale netwerken zijn nagebootst.

Microscopic image of a brain-on-a-chip model that mimics human neural networks.

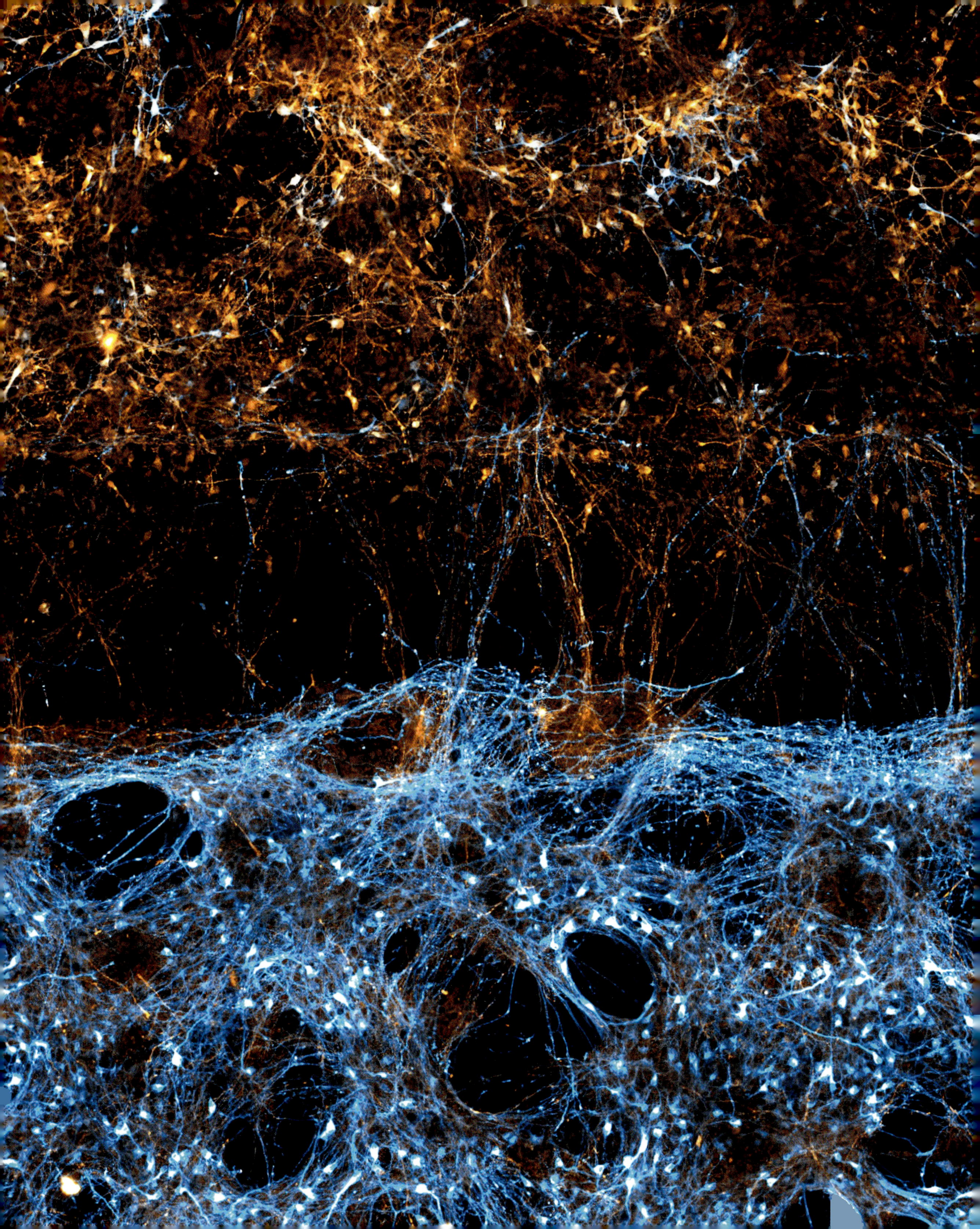

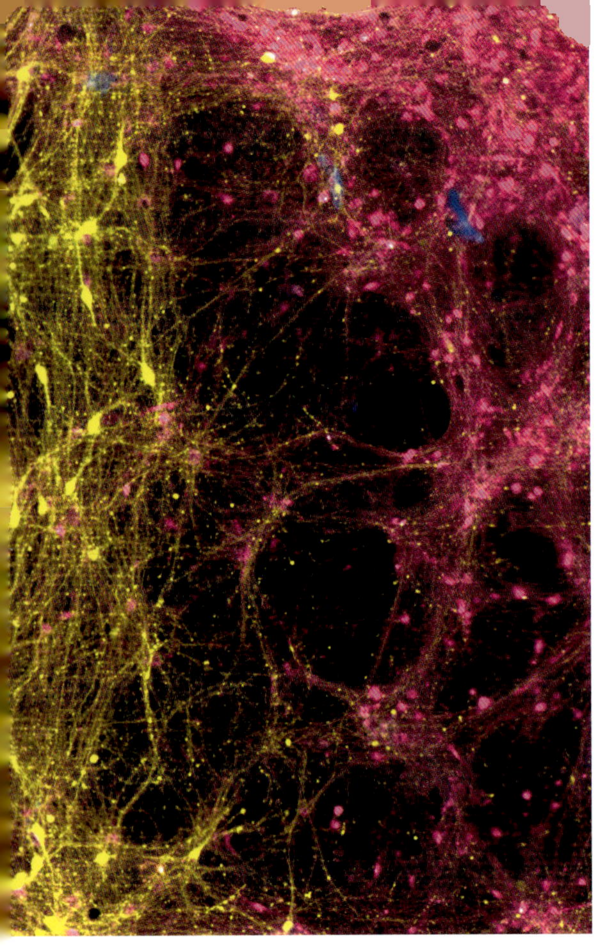

Brain-on-a-chip effent de weg naar een gepersonaliseerde behandeling van parkinson

Het brain-on-a-chip-model biedt een manier om hersencircuits na te bouwen – in een gecontroleerde laboratoriumomgeving – die representatief zijn voor die delen van het menselijk brein die de ziekte van Parkinson defect maakt. Dit model gebruikt een combinatie van stamceltechnologie en multi-electrode arrays (MEA), een technologie waarmee we de elektrische activiteit van individuele hersencellen kunnen meten door middel van duizenden sensoren op een chip.

> Met het brain-on-a-chip-model kunnen we parkinson in detail en op een patiëntspecifieke manier bestuderen.

Wat we nu kunnen doen met het brain-on-a-chip-model, is parkinson in detail en op een patiëntspecifieke manier bestuderen. We kunnen hersencircuits maken van huidcellen van patiënten, achteraf bekijken hoe neuronen in dit model defect raken en welke veranderingen optreden in de elektrische activiteit van de hersencellen, nog voor klinische symptomen zich ontwikkelen. Het is een grote stap vooruit in de richting van patiëntspecifieke netwerken. Het betekent dat we niet enkel generieke parkinsonmodellen kunnen bestuderen, maar ook modellen gebaseerd op de genetische en cellulaire kenmerken van individuele patiënten. Het helpt ons alleszins om beter te begrijpen hoe de ziekte zich manifesteert bij verschillende mensen, wat belangrijk is om patiënten in te delen volgens specifieke vormen van parkinson.

In plaats van één uniforme behandeling voor alle parkinsonpatiënten, zou dit onderzoek kunnen leiden tot gepersonaliseerde therapieën die beter afgestemd zijn op de genetische en biologische variaties van elke patiënt.

Met andere woorden: de modellen kunnen niet alleen helpen bij het testen van medicijnen, maar ook bij het ontdekken van nieuwe biomarkers en biologische mechanismen die aan de basis liggen van de ziekte van Parkinson. Het geeft ons een krachtig hulpmiddel om de ziekte te begrijpen en effectievere behandelingen te ontwikkelen.

En, *en plus*: in de toekomst is het mogelijk dat we niet voor iedere patiënt een volledig brain-on-a-chip-model hoeven te bouwen, maar dat we dankzij de gedetailleerde gegevens die we uit deze systemen halen, in staat zijn om op basis van biomarkers nauwkeurige voorspellingen te maken over de ziekteprogressie en de beste behandelingsopties.

Brain-on-a-chip paves the way for a personalised treatment for Parkinson's disease

THE BRAIN-ON-A-CHIP MODEL provides a way to recreate brain circuits – in a controlled laboratory environment – that represent the parts of the human brain that become defective in Parkinson's disease. This model uses a combination of stem cell technology and multi-electrode arrays (MEAS), a technology that allows us to measure the electrical activity of individual brain cells through thousands of sensors on a chip.

We are now able to use the brain-on-a-chip model to study Parkinson's disease in a detailed, patient-specific way. We can make brain circuits from patients' skin cells, retrospectively observe how neurons become defective in this model and the changes in the electrical activity of brain cells that occur even before clinical symptoms develop. This represents a major step towards patient-specific networks. It means that we can study not only generic models of Parkinson's disease, but also models based on the genetic and cellular characteristics of individual patients. This will certainly give us a better understanding of how the disease manifests itself in different people, which is important when it comes to grouping patients who have specific forms of Parkinson's disease.

Instead of one uniform treatment for all patients with Parkinson's disease, this research could result in personalised treatments that are better tailored to the genetic and biological variants of each patient.

In other words, the models can help not only with drug testing, but also in discovering new biomarkers and biological mechanisms that cause Parkinson's disease. It will be a powerful tool to help us understand the disease and develop more effective treatments.

What is more, we may not have to build a whole brain-on-a-chip model for every patient in future. The detailed data we get from these systems may allow us to make accurate predictions about disease progression and the best treatment options on the basis of biomarkers.

> We use the brain-on-a-chip model to study Parkinson's disease in a detailed, patient-specific way.

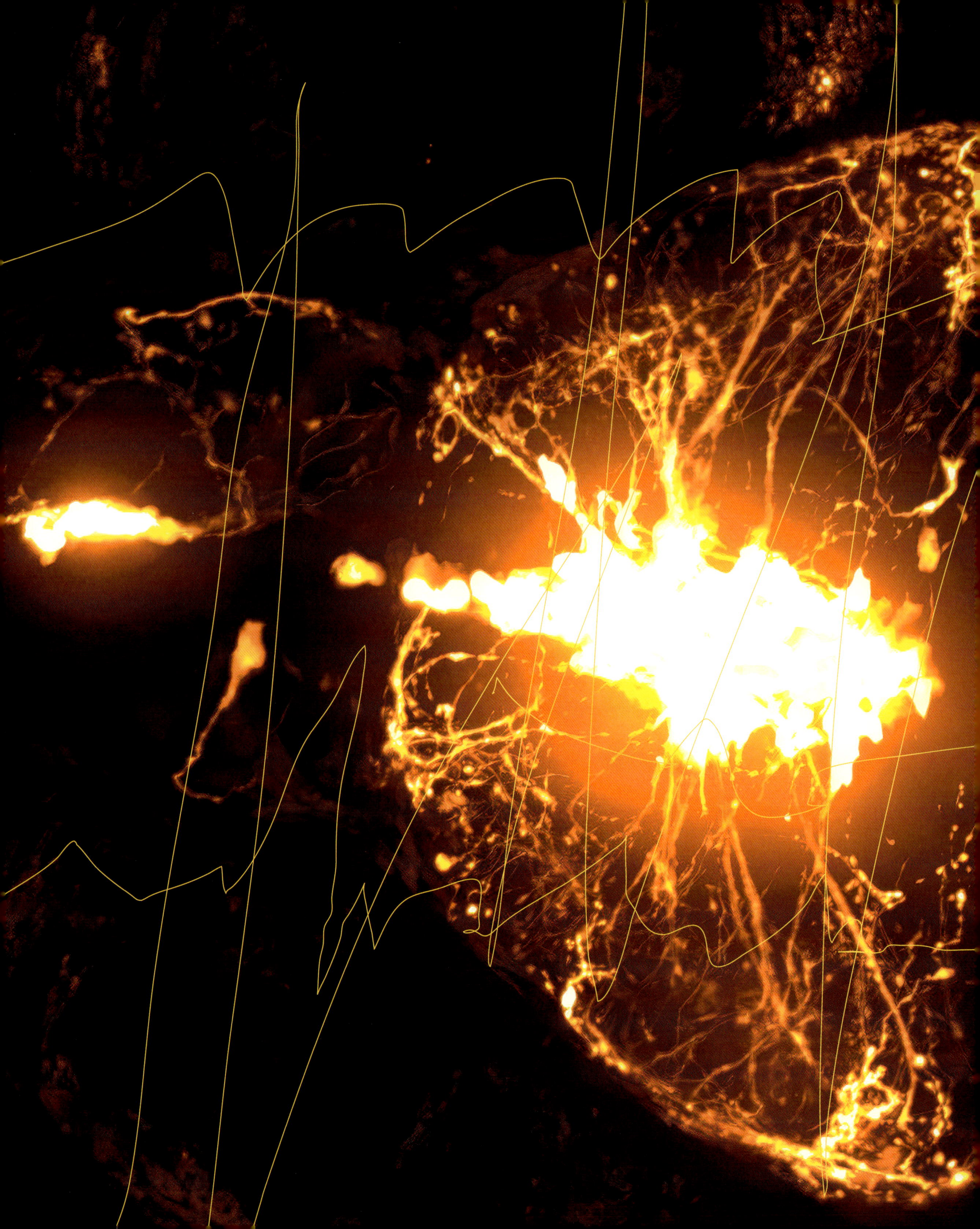

Wanneer het brein ontregeld raakt
When the brain falls out of balance

4. Wanneer het brein ontregeld raakt

KRACHTIG EN KWETSBAAR. In staat tot bijzonder indrukwekkende dingen, én tegelijk broos. Dat is het brein. Als het brein ziek wordt, stoppen die magische processen. Want wat gebeurt er precies wanneer geheugen vervaagt, beweging stokt of gedachten ontsporen? Aandoeningen zoals alzheimer, parkinson, epilepsie en psychiatrische stoornissen tonen de kwetsbaarheid van ons brein in haar meest confronterende vorm.

Ziekte legt bloot hoe hersenen normaal functioneren.

Maar ziekte laat niet alleen zien wat verloren gaat. Het mag dan contradictorisch klinken, toch legt ziekte ook bloot hoe hersenen normaal functioneren, hoe netwerken samenwerken, en hoe het brein probeert te herstellen of zich aan te passen. Net omdat processen ontsporen, worden hun onderliggende mechanismen zichtbaar.

In dit deel bekijken onderzoekers ziekte niet alleen als iets om te bestrijden, maar ook als een bron van inzicht. Door te bestuderen waar en hoe het misloopt, leren ze meer over neuronen, verbindingen en gedrag; en over de opmerkelijke veerkracht van het brein zelf. Want laat onderzoek al zeker een ding te hebben blootgelegd: het brein is zeer plastisch. Ziekte wordt zo een venster op functioneren, en een sleutel tot betere zorg, gerichtere therapieën en een dieper begrip van wat het betekent om mens te zijn.

4. When the brain falls out of balance

POWERFUL AND VULNERABLE. Capable of some very impressive things, but at the same time fragile. That is what the brain is like. When the brain gets sick, all the magical processes stop. What exactly happens when memory fades, movements stop or thoughts go wrong? Conditions such as Alzheimer's disease, Parkinson's disease, epilepsy and psychiatric disorders all confront us with the fragility of our brains.

However, disease not only show us what goes wrong. It may sound contradictory, but disease can also show us how the brain normally functions, how networks work together and how the brain tries to recover or adjust. When processes go wrong, the underlying mechanisms behind them become visible.

> Disease show us how the brain normally functions.

In this volume, researchers look at disease not only as something to fight against, but also as a source of insight. By studying where and how things go wrong, they are learning more about neurons, connections and behaviour; and about the remarkable resilience of the brain itself. After all, there is one thing that research definitely has shown us: the brain is very plastic. So disease becomes a window on function and a key to better care, more targeted treatments and a deeper understanding of what it means to be human.

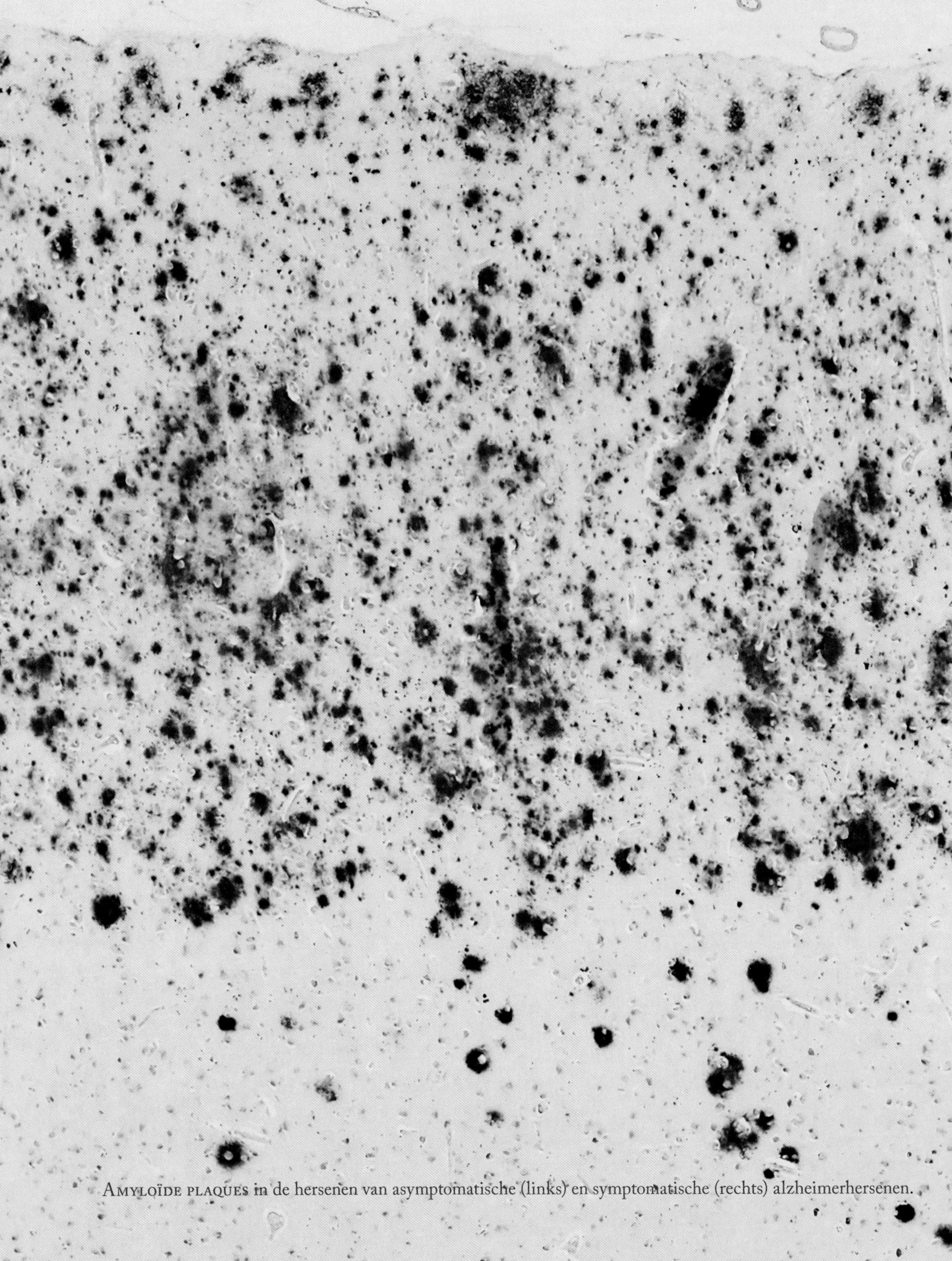

Amyloïde plaques in de hersenen van asymptomatische (links) en symptomatische (rechts) alzheimerhersenen.

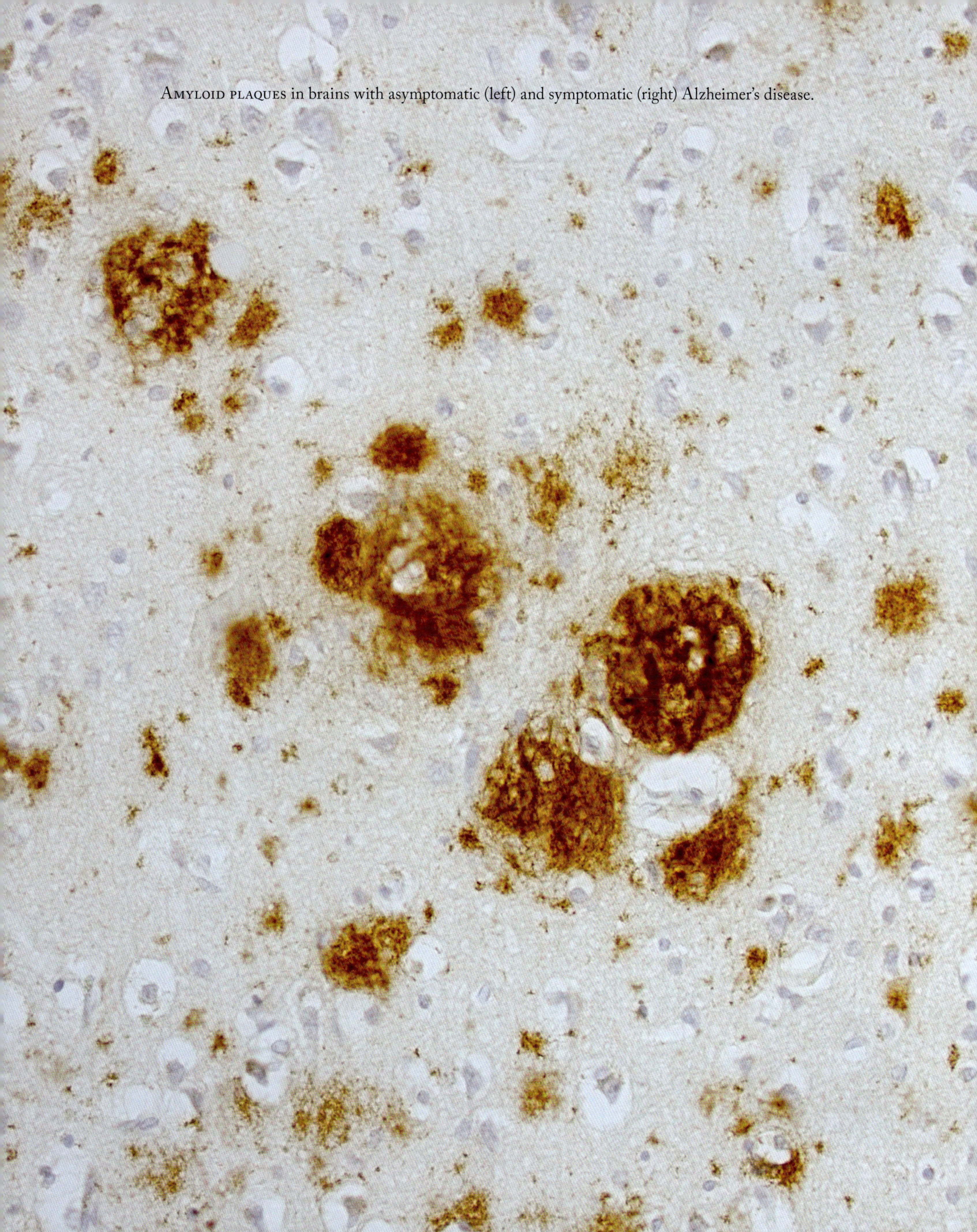

Amyloid plaques in brains with asymptomatic (left) and symptomatic (right) Alzheimer's disease.

De microkosmos onder de microscoop: anatoompathologie

De afbeeldingen tonen microscopische opnamen van de hersenen van iemand zonder symptomen van alzheimer tijdens zijn leven (asymptomatische alzheimer; links) en van iemand bij wie wel symptomen optreden (symptomatische alzheimer; rechts). De bruine vlekken zijn amyloïde plaques, ophopingen van het eiwit amyloïde β in de cortex van de hersenen.

De opnamen werden gemaakt met een geavanceerde Leica-microscoop en digitale camera, met een objectief van 4-maal vergroting (links) of 20-maal (rechts). Het weefsel werd voorbereid in het laboratorium voor Neuropathologie, waar technici het met specifieke antistoffen bruin kleurden om het zichtbaar te maken. De uiteindelijke foto werd gemaakt met een microscoop.

Het onderzoek richt zich op een beter begrip van alzheimer en andere ouderdomsgerelateerde hersenziekten. Het wilt niet alleen de oorzaken ontrafelen, maar ook bijdragen aan eerdere diagnoses en effectievere behandelingen. Een belangrijk doel is om patiënten in groepen op te delen op basis van hun biologische kenmerken, zoals ontstekingsreacties of bijkomende afwijkingen, om zo therapieën op maat te ontwikkelen. Waarom dit belangrijk is? Door mensen met een hoog risico vroeg te herkennen en gericht te behandelen, hopen we alzheimer zo lang mogelijk klachtenvrij te houden of zelfs te voorkomen.

Daarvoor is het onderzoeken van hersenweefsel van overleden patiënten cruciaal, die hun hersenen na het overlijden aan de wetenschap afstaan. Alleen menselijk weefsel onthult het volledig ziektebeeld, inclusief andere ouderdomsgerelateerde veranderingen. Dit soort onderzoek helpt ons beter te begrijpen waarom alzheimer zich bij de ene persoon anders ontwikkelt dan bij de andere. Uiteindelijk is deze kennis essentieel om effectievere behandelingen te vinden en de impact van alzheimer en vergelijkbare hersenziekten te verminderen.

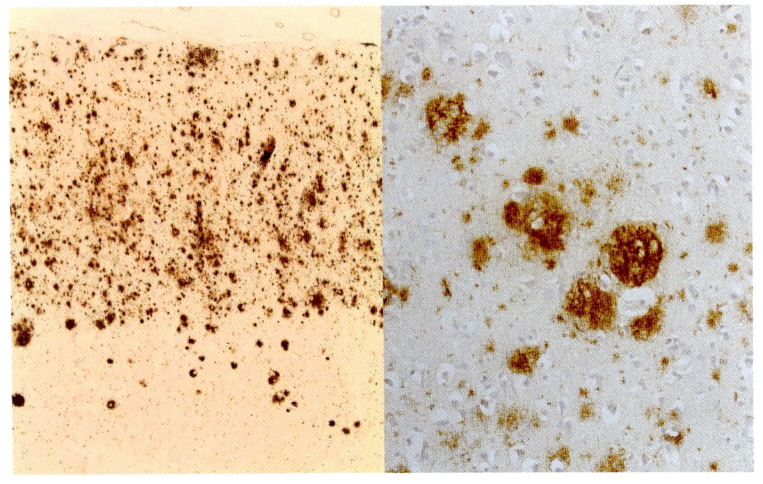

Door mensen met een hoog risico vroeg te herkennen en gericht te behandelen, hopen we alzheimer zo lang mogelijk klachtenvrij te houden of zelfs te voorkomen.

The microcosm under the microscope: anatomical pathology

By identifying high-risk people early and providing targeted treatment, we hope to keep them free of Alzheimer's symptoms or even prevent the disease for as long as possible.

THE IMAGES SHOW microscopic images of the brain of a person who has no symptoms of Alzheimer's disease during their lifetime (asymptomatic Alzheimer's; left) and another person who is experiencing symptoms (symptomatic Alzheimer's; right). The brown spots are amyloid plaques, accumulations of the protein amyloid β in the cortex of the brain.

The images were taken using an advanced Leica microscope and a digital camera, with a magnifying lens of 4x (left) or 20x (right). The tissue was prepared in the Neuropathology Laboratory, where technicians stained it brown with specific antibodies to make it visible. The final photograph was taken using a microscope.

The research focuses on gaining a better understanding of Alzheimer's disease and other age-related brain diseases. It wants to unravel the causes and also contribute to earlier diagnosis and more effective treatments. One key goal is to divide patients into groups based on their biological characteristics, such as inflammatory responses or other abnormalities, so that we can develop tailored therapies. Why this is important? By identifying high-risk people early and providing targeted treatment, we hope to keep them free of Alzheimer's symptoms or even prevent the disease for as long as possible.

To do this, it is essential to study brain tissue from patients who have died and donated their brains to science after death. Only human tissue reveals the full disease picture, including other age-related changes. This kind of research gives us a better understanding of why Alzheimer's disease develops in different ways in different individuals. Ultimately, this knowledge will be essential to find more effective treatments and reduce the impact of Alzheimer's and similar brain diseases.

The Maze, William Kurelek (1953).
Gouache op bord.
Gouache on panel.

THE EVOLUTION OF MAN
FRIENDSHIP

Broze, bruisende breinen

Een psychiatrische aandoening belet mensen niet om op unieke manieren bij te dragen aan onze cultuur en kennis, wellicht zelfs integendeel.

Het idee dat creatieve geesten vaker psychisch kwetsbaar zijn, is al eeuwenoud. Aristoteles stelde ooit de bekende vraag: waarom worden zoveel mensen die uitblinken in poëzie, kunst en politiek door melancholie geplaagd? Voor de oude Grieken verwees 'melancholie' naar een teveel aan zwarte gal, een van de vier lichaamsvochten.

Hoewel dit moeilijk te bewijzen valt, zijn er heel wat aanwijzingen dat er een verband bestaat tussen creativiteit en bepaalde aandoeningen, zoals psychosegevoeligheid, bipolaire stoornis en ernstige depressie. Deze worden nu vaak aangeduid als ernstige psychiatrische aandoeningen (EPA's), en worden jammer genoeg vaak gestigmatiseerd. Toch is er steeds meer aandacht voor de creatieve en empathische kanten van mensen met EPA's. Binnen de psychiatrie bloeit bijvoorbeeld veel artistiek potentieel, wat erop wijst dat deze kwetsbaarheid mensen niet belet om op unieke manieren bij te dragen aan onze cultuur en kennis, wellicht zelfs integendeel.

Een mooi voorbeeld hiervan is het verhaal van de Oekraiens-Canadese kunstenaar William Kurelek (1927-1977). Hij reisde op 25-jarige leeftijd naar Londen. Vanwege zijn psychosegevoeligheid liet hij zich daar al spoedig opnemen in de psychiatrie. Daar kreeg hij – een belangrijk aspect – de kans om te blijven schilderen. Hij verbeeldde zijn psychische worstelingen in het complexe schilderij *The Maze* (*Het doolhof*), dat hij aan het ziekenhuis schonk. Het werk toont de doorsnede van een schedel, onderverdeeld in kamers waarin voorstellingen van traumatische ervaringen opgehangen zijn: uitsluiting, pesterij, oorlogsdreiging, hopeloosheid. In de middelste kamer huist een witte rat die de geest van de kunstenaar voorstelt. De rat heeft aan de voorstellingen geknaagd en vindt ze kennelijk onverteerbaar. Bijna twintig jaar later schildert Kurelek, inmiddels een gelukkig man en een succesvolle kunstenaar, het serene werk *Out of the Maze*.

The fragility of a creative brain

THE IDEA THAT CREATIVE MINDS are more likely to be psychologically vulnerable is very ancient. Aristotle once asked the famous question: why are so many people who are excellent at poetry, art and politics plagued by melancholy? For the ancient Greeks, 'melancholy' meant an excess of black bile, one of the four humours or fluids in the body.

Although difficult to prove, there is extensive evidence linking creativity to specific conditions, such as a susceptibility to psychosis, bipolar disorder and major depression. These are now often referred to as severe psychiatric disorders and unfortunately they are often stigmatised. However, more attention is being paid to the creative and empathetic side of people with severe psychiatric disorders. In the world of psychiatry, for example, artistic potential is now flourishing, showing that a vulnerability of this kind does not prevent people from contributing to our culture and knowledge in unique ways, and perhaps allows them to do so even more.

One good example is the story of Ukrainian-Canadian artist William Kurelek (1927-1977). He travelled to London at the age of 25. Due to his susceptibility to psychosis, he asked to be admitted to a psychiatric unit soon afterwards. Once he was there – and this is a key aspect of his story – he had the opportunity to continue painting. He depicted his mental struggles in the complex painting *The Maze*, which he donated to the hospital. The work shows the cross-section of a skull, divided into rooms with representations of traumatic experiences on display: exclusion, bullying, the threat of war, hopelessness. In the central room is a white rat representing the artist's mind. The rat has gnawed at these images and is apparently finding them indigestible. Almost two decades later, Kurelek, now a happy man and a successful artist, painted the serene work *Out of the Maze*.

> A psychiatric disorder does not prevent people from contributing to our culture and knowledge in unique ways, and perhaps allows them to do so even more.

Confocale microscoopopname van de hippocampus van een muis waarin menselijke hersencellen (rood) en microgliacellen (groen) zes maanden eerder werden getransplanteerd. De muis heeft geen eigen microglia, waardoor enkel de menselijke cellen zichtbaar zijn. De rode cellen ontwikkelen zich tot zenuwcellen (ncam, geel), terwijl de groene cellen menselijke microglia zijn. De blauwe kleur markeert alle celkernen. De afbeelding toont hoe menselijke cellen zich op lange termijn integreren in het muizenbrein.

Confocal microscopic image of a mouse hippocampus into which human brain cells (red) and microglial cells (green) were transplanted six months earlier. The mouse has no microglia of its own, so only the human cells are visible. The red cells develop into nerve cells (ncam, yellow), while the green cells are human microglia. The nuclei of all cells are marked in blue. This image shows how human cells integrate into the mouse brain over a long period.

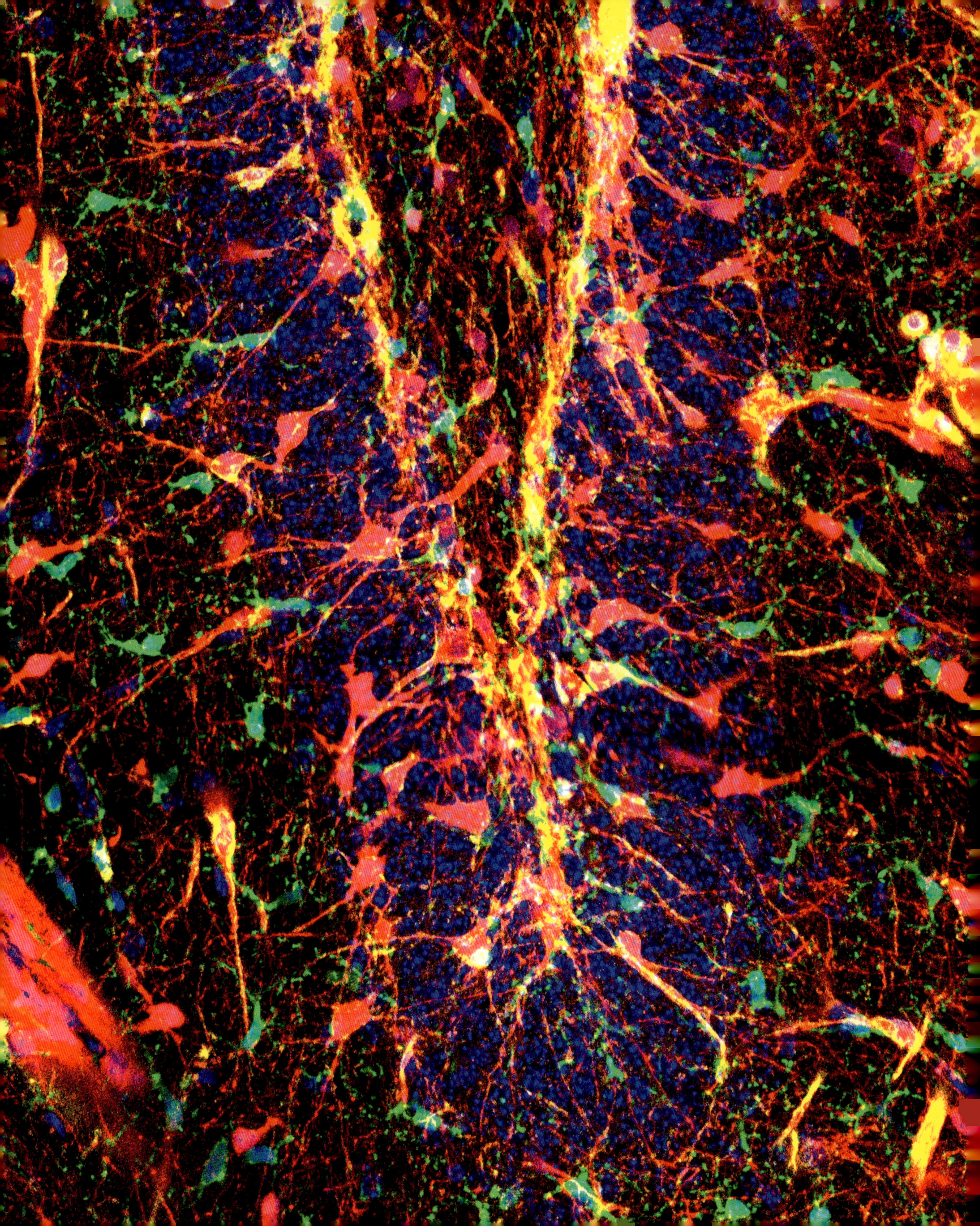

> De hoop is dat dit soort onderzoek uiteindelijk helpt om de hersenen beter te beschermen en de impact van ziekten als alzheimer te verminderen.

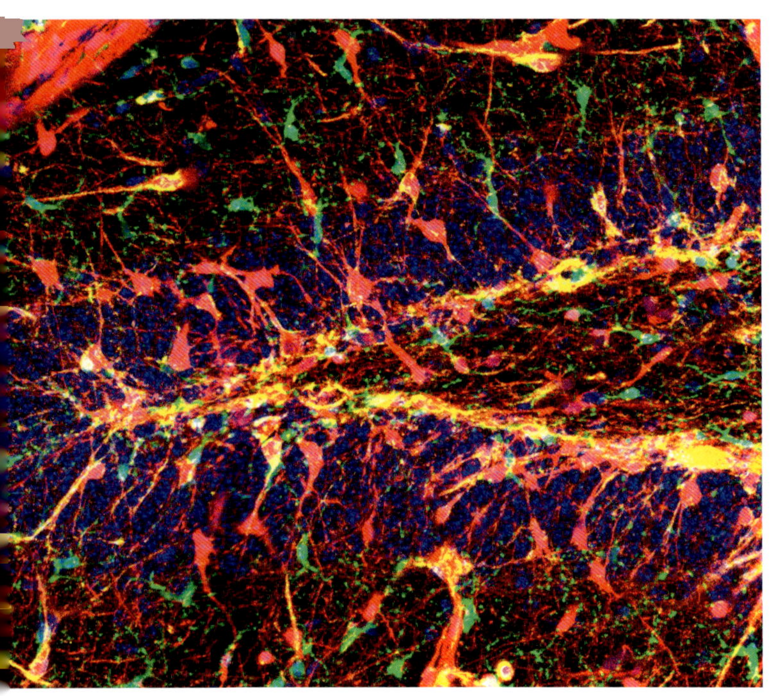

Tussen muis en mens

Deze foto toont menselijke hersencellen die in de hersenen van een muis zijn getransplanteerd. De cellen werden in het laboratorium gekweekt en vormen een belangrijke stap in het begrijpen van hoe menselijke hersencellen worden aangetast door de ziekte van Alzheimer, en hoe de immuuncellen in de hersenen hierop reageren. Door menselijke cellen te gebruiken, kunnen onderzoekers de mensspecifieke aspecten van de ziekte bestuderen die bij muizen ontbreken.

De hersencellen ontstaan door huid- of bloedcellen van een donor om te zetten in stamcellen, die vervolgens met specifieke signalen worden omgevormd tot hersencellen. Soms worden fluorescerende kleurstoffen toegevoegd, zodat de menselijke cellen goed te onderscheiden zijn van de muizencellen eromheen. De beelden worden vastgelegd met geavanceerde microscopietechnieken.

Muizen kunnen de vroege stadia van alzheimer nabootsen, zoals de vorming van amyloïde plaques, maar hun hersencellen reageren anders dan menselijke cellen. Door menselijke hersencellen te implanteren, kunnen ook latere stadia van de ziekte worden onderzocht, zoals de ontwikkeling van neurofibrillaire kluwens en celdood. Dit model maakt het mogelijk om de onderliggende biochemische processen beter te begrijpen en nieuwe therapieën te testen.

Hoewel er steeds meer alternatieven zijn, zoals hersenorganoïden en andere celmodellen, blijven dierproeven voorlopig onmisbaar om de complexiteit van het menselijke brein en neurodegeneratieve ziekten te doorgronden. De hoop is dat dit soort onderzoek uiteindelijk helpt om de hersenen beter te beschermen en de impact van ziekten als alzheimer te verminderen. Het doel is duidelijk: betere behandelingen voor patiënten.

Between mouse and human

THIS PHOTOGRAPH SHOWS human brain cells that have been transplanted into the brain of a mouse. The cells were grown in the laboratory and represent an important step in understanding how human brain cells are affected by Alzheimer's disease and how the immune cells in our brain respond to this. Using human cells allows researchers to study the human-specific aspects of the disease that do not occur in mice.

The brain cells are formed by converting skin or blood cells from a donor into stem cells, which are then transformed into brain cells using specific signals. In some cases fluorescent dyes are added so that the human cells can be easily distinguished from the mouse cells around them. The images are captured using advanced microscopy techniques.

Mice are able to mimic the early stages of Alzheimer's, such as the formation of amyloid plaques, but their brain cells respond differently than human cells. Implanting human cells makes it possible to study later stages of the disease such as the development of neurofibrillary tangles and cell death. This model allows for a better understanding of the underlying biochemical processes and testing new treatments.

Although more and more alternatives exist, such as brain organoids and other cell models, animal testing is still indispensable as a way of understanding the complexity of the human brain and neurodegenerative disease. It is hoped that research like this will ultimately help to protect the brain better and reduce the impact of diseases like Alzheimer's. The goal is clear: better treatments for patients.

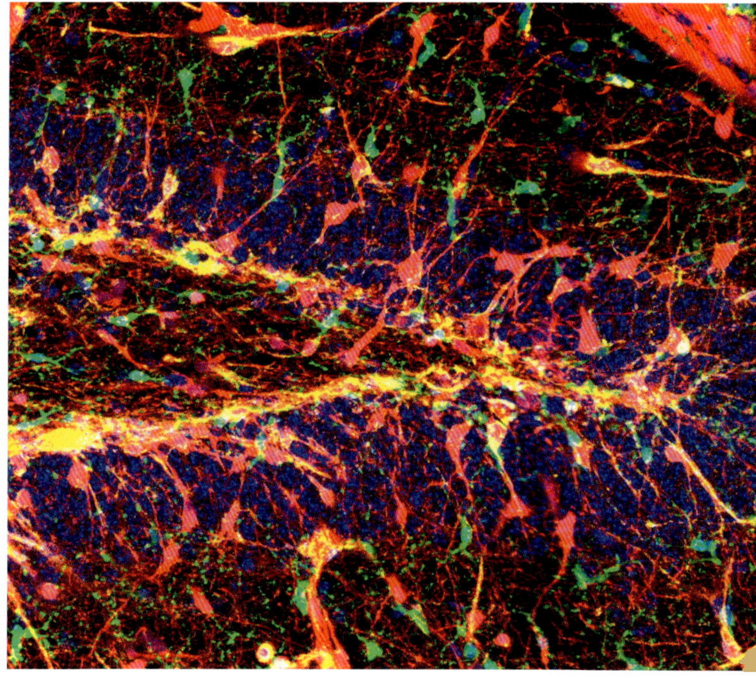

It is hoped that research like this will ultimately help to protect the brain better and reduce the impact of diseases like Alzheimer's.

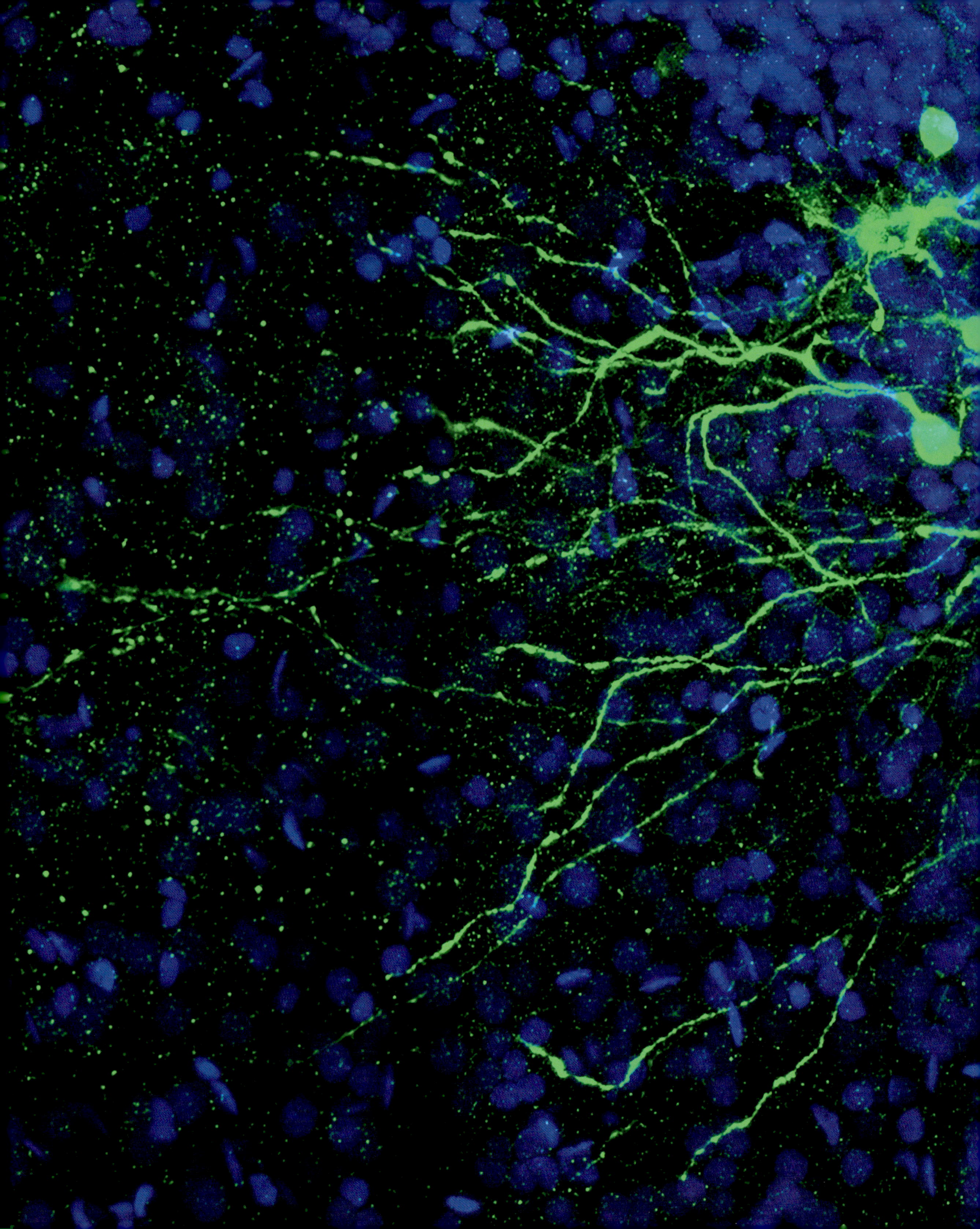

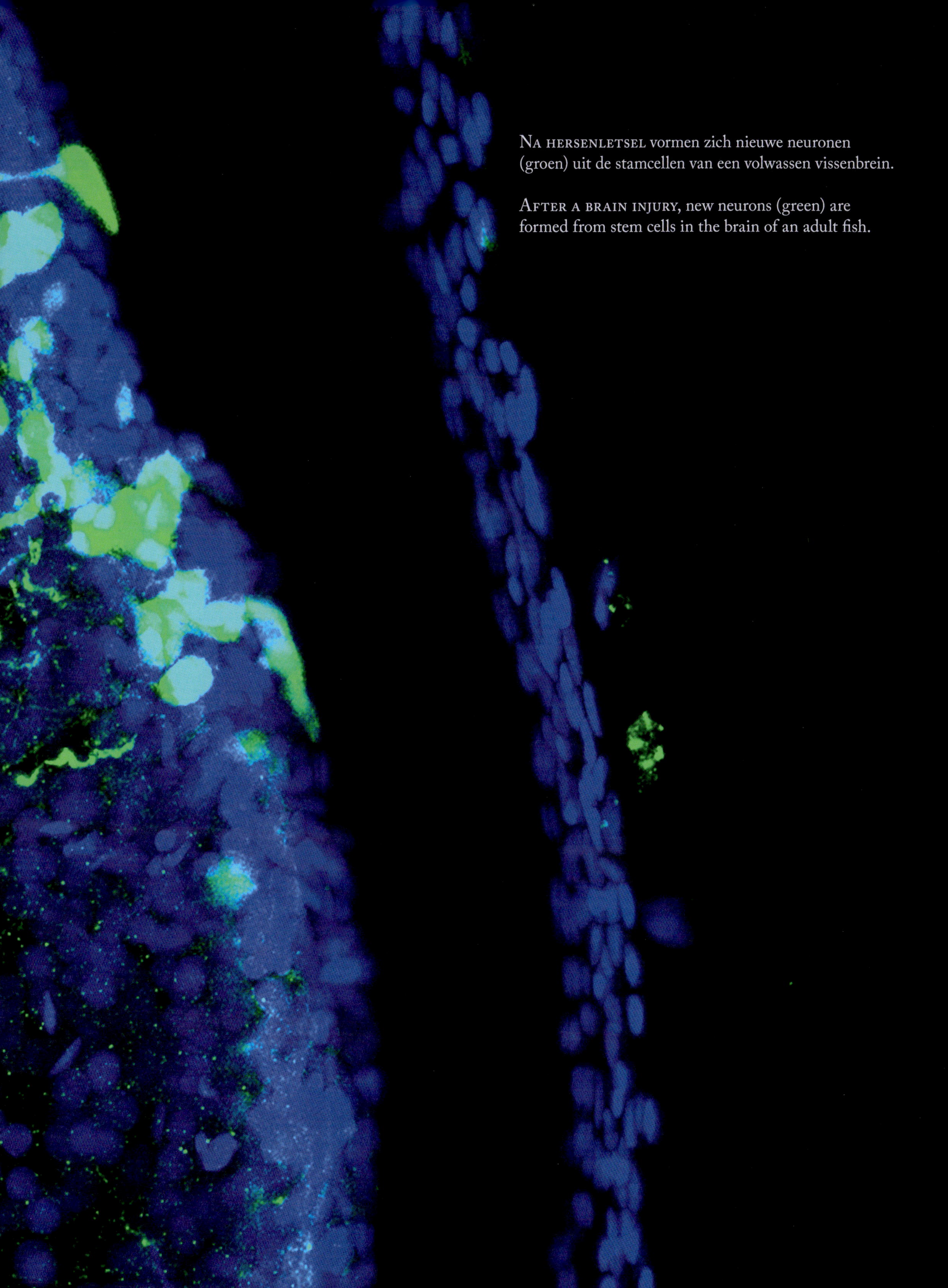

Na hersenletsel vormen zich nieuwe neuronen (groen) uit de stamcellen van een volwassen vissenbrein.

After a brain injury, new neurons (green) are formed from stem cells in the brain of an adult fish.

De hersenen hebben
een verbazingwekkend vermogen
om zich aan te passen,
zelfs op volwassen leeftijd.

The brain has an amazing ability
to adapt,
even in adulthood.

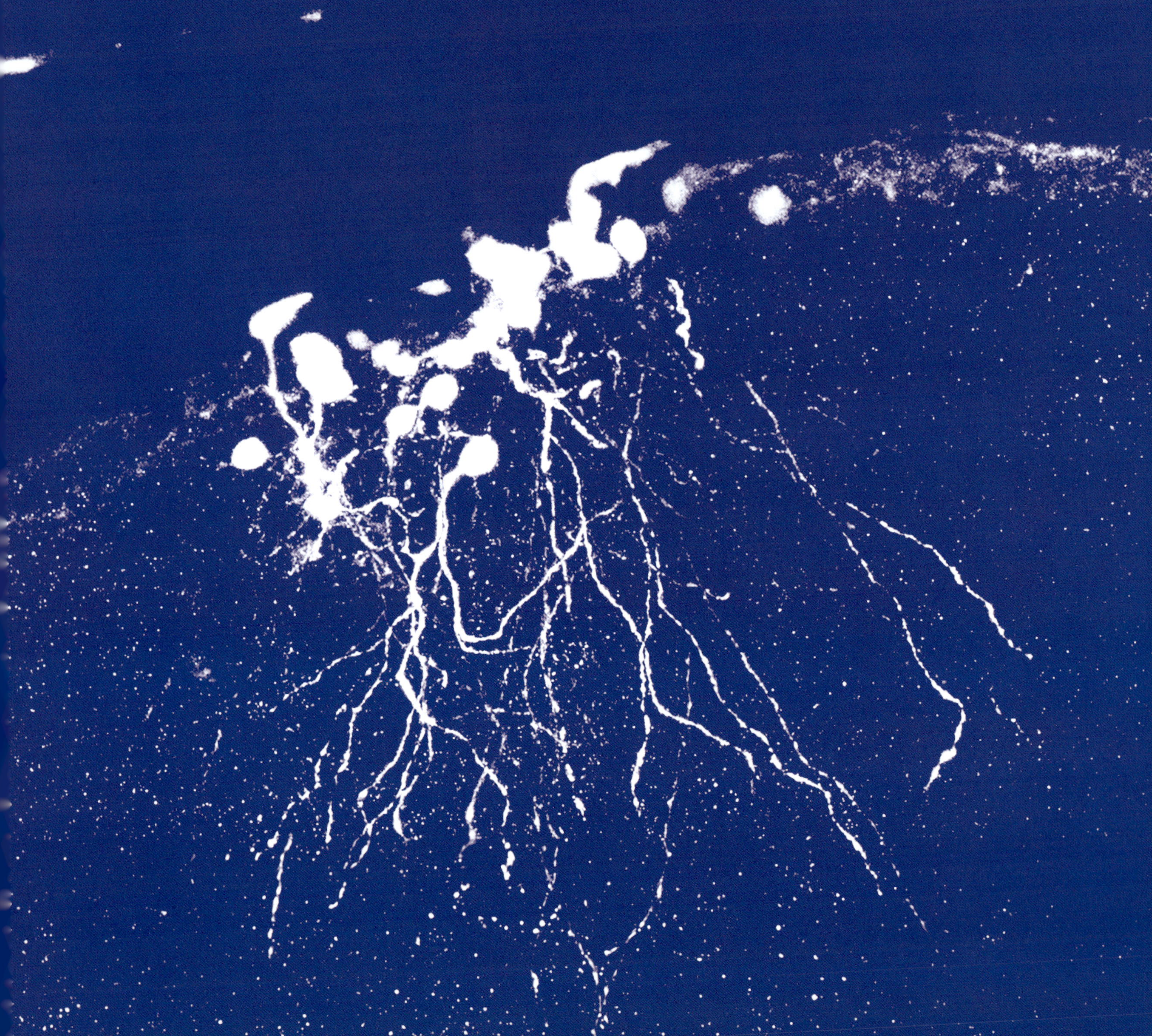

Het plastische brein: hoe onze hersenen zich blijven aanpassen

De hersenen hebben een verbazingwekkend vermogen om zich aan te passen, zelfs op volwassen leeftijd. Op het beeld zien we, dankzij viralevectortechnologie en geavanceerde fluorescentiemicroscopie, een groepje groene neuronen, nieuwgeboren uit de stamcellen in de hersenen van een volwassen killivis, als respons op fysiek trauma. Wat opvalt, is dat de neuronen na enkele weken duidelijk lange uitlopers vertonen. Vissen zijn kampioen in het levenslang aanmaken van nieuwe neuronen. Onderzoek is nodig om dit ook in muizen en mensen mogelijk te maken, als nieuwe therapie voor hersentrauma of ziekte.

Het vermogen van de hersenen om zich te herorganiseren heet neuroplasticiteit. Genetische, moleculaire en omgevingsfactoren, maar ook levensstijl, hebben elk hun impact. Op microschaal nemen we de vorming van nieuwe neuronen, nieuwe uitlopers, dendritische stekels, en nieuwe contactpunten of synapsen waar. Verandering in de functionele capaciteiten van de hersenen steunt op kleinschalige bijsturingen in synaptische sterkte binnen bestaande netwerken, maar soms ook op de grootschaligere herverdeling van functies tussen hersengebieden. Zo kunnen blinden na verloop van tijd beter horen of voelen door ook visuele hersendelen voor deze taken in te zetten.

Als we beter begrijpen hoe oude en nieuwe cellen in de hersenen nieuwe verbindingen en netwerken kunnen blijven maken en versterken, dan kunnen we methodes ontwikkelen om reorganisatie te stimuleren en zo herstel na letsel en hopelijk ook gezond ouder worden te bevorderen.

The plastic brain: how our brains keep adapting

The brain has an amazing ability to adapt, even in adulthood. In the image, thanks to viral vector technology and advanced fluorescence microscopy, we see a group of green neurons that have been newly developed from stem cells in the brain of an adult killifish, in response to physical trauma. What is striking is that the neurons show noticeably long extensions after a few weeks. Fish are extremely good at making new neurons throughout their lifetime. Research is needed to make this possible in mice and humans too, as a new treatment for brain trauma or disease.

The brain's ability to reorganise itself is called neuroplasticity. Genetic, molecular and environmental factors, as well as lifestyle, all have an impact. At the microscopic scale, we observe the formation of new neurons, new extensions, dendritic spines and new contact points or synapses. Changes in the functional capacities of the brain are based on small-scale readjustments in synaptic strength within existing networks, but sometimes also on a larger-scale redistribution of functions between brain regions. For example, blind people begin to have an improved sense of hearing or touch over time by also using visual parts of the brain for these tasks.

If we gain a better understanding of how old and new cells in the brain can continue to create and strengthen new connections and networks, we can develop methods to stimulate reorganisation to promote recovery from injury and, hopefully, healthy ageing.

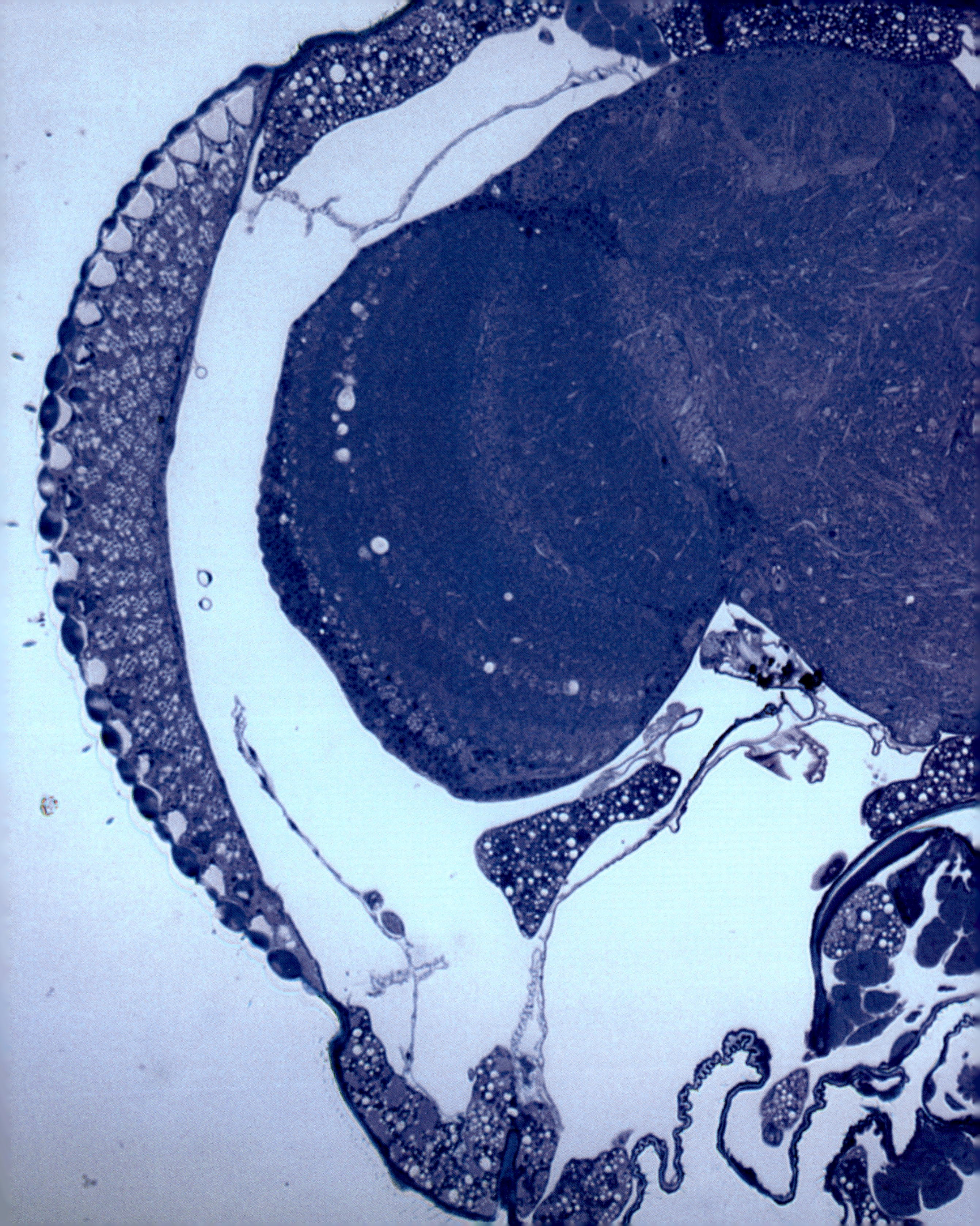

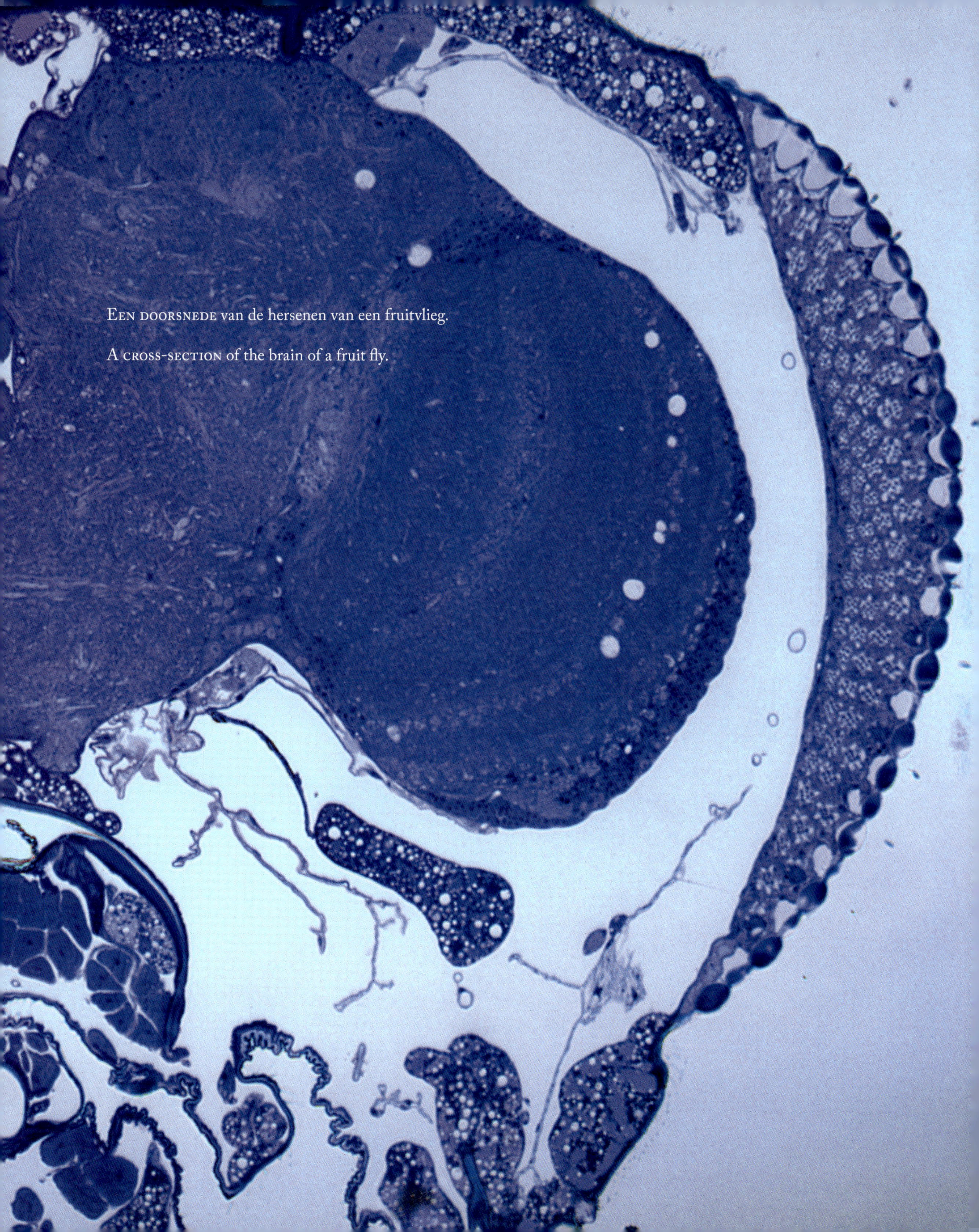

Een doorsnede van de hersenen van een fruitvlieg.

A cross-section of the brain of a fruit fly.

Parkinson: ingenieus knip- en plakwerk

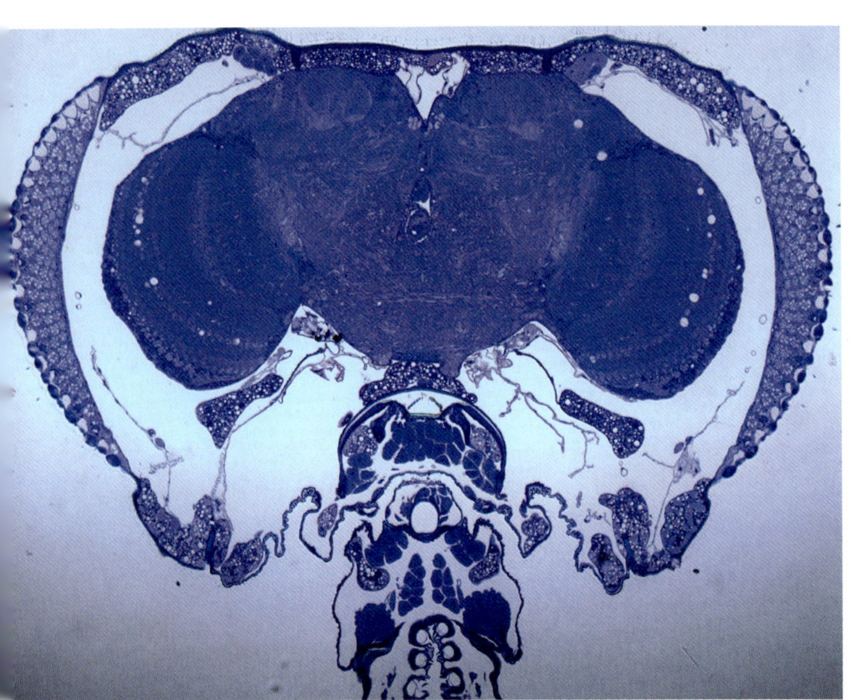

DIT BLAUWE BEELD is een doorsnede van de hersenen van een fruitvlieg. We gebruiken die – en verschillende andere modelsystemen – om ziektes te onderzoeken zoals dementie en parkinson.

We kennen allemaal de meest bekende symptomen van parkinson: trillen, stijfheid en moeite met bewegen, maar parkinson heeft veel andere symptomen. De precieze oorzaak is nog steeds onbekend. Wel hebben wetenschappers de voorbije jaren diverse gendefecten (mutaties) bij parkinsonpatiënten beschreven. Verschillende daarvan, de zogenaamde Pink1- en Parkine-mutaties, verminderen de werking van 'mitochondriën'. Dat zijn kleine energiecentrales in de cellen die ervoor zorgen dat ons lichaam goed functioneert. Als ze falen, sterven er hersencellen, met de bekende gevolgen.

In ons onderzoek gebruiken we de CRISPR-Cas9-techniek om een stukje DNA uit de fruitvlieg te verwijderen en te vervangen door de menselijke versie van een gen dat parkinson veroorzaakt. In veel gevallen werkt het menselijke gen in de fruitvlieg op een gelijkaardige manier. Wanneer we het vliegen-Pink1-gen vervangen door de zieke menselijke variant, dan krijgen de fruitvliegen problemen met hun mitochondriën: ze ondervinden problemen met het bewegen, slapen niet goed en krijgen last met hun reukzin. Uiteindelijk sterven delen van hun hersenen af. De fruitvlieg is uiteraard geen mens, maar dit specifieke onderzoek biedt inzicht in de werking van het defecte gen.

> Het toedienen van extra vitamine K2 aan zieke fruitvliegen zorgde ervoor dat hun energieproductie verbeterde, en ze weer konden vliegen, slapen en ruiken.

We onderzoeken manieren om de effecten van de menselijke Pink1-mutatie ongedaan te maken. We ontdekten zo dat het toedienen van extra vitamine K2 aan de zieke fruitvliegen ervoor zorgde dat hun energieproductie verbeterde, en ze weer konden vliegen, slapen en ruiken. Een bijzondere ontdekking, omdat het aangeeft dat vitamine K2 mogelijk de energieproductie in de hersencellen verbetert, én zo voorkomt dat ze beginnen af te sterven. Uiteindelijk zou zulk een behandeling kunnen helpen om de symptomen van de ziekte van Parkinson te verlichten bij patiënten met die Pink1-mutatie.

Parkinson's disease: clever cutting and pasting

Giving the sick fruit flies extra vitamin K2 gave them an improved ability to produce energy and they were able to fly, sleep and smell again.

THIS BLUE IMAGE is a cross-section of the brain of a fruit fly. We use this – and several other model systems – to study diseases such as dementia and Parkinson's disease.

We all know the familiar symptoms of Parkinson's disease: tremor, stiffness and difficulty moving, but the disease has many other symptoms too. Its precise cause is still unknown. However, scientists have described several gene defects (mutations) in patients with Parkinson's disease in recent years. Several of these are mutations in genes called Pink1 and Parkin that impair the function of mitochondria. These are the small power plants in cells that allow the body to function properly. When they fail, brain cells die, leading to the consequences we all recognise.

In our research we use the CRISPR-Cas9 technique to remove a piece of DNA from the fruit fly and replace it with the human version of a gene that causes Parkinson's disease. In many cases, the human gene works in a similar way when it is in the fruit fly. When we replace the fly's Pink1 gene with the diseased human variant, the fruit flies develop problems with their mitochondria: they have difficulty moving, do not sleep well and develop problems with their sense of smell. Eventually, parts of their brains die off. The fruit fly is obviously not a human being, but this particular study offers insights into how the defective gene works.

We are studying ways of reversing the effects of the human Pink1 mutation. We have discovered that giving the sick fruit flies extra vitamin K2 gave them an improved ability to produce energy and they were able to fly, sleep and smell again. This was a remarkable discovery, since it indicates that vitamin K2 may improve energy production in brain cells, thereby preventing the process in which they begin to die off. Ultimately, a treatment of this kind could help to alleviate the symptoms of Parkinson's disease in patients with this Pink1 mutation.

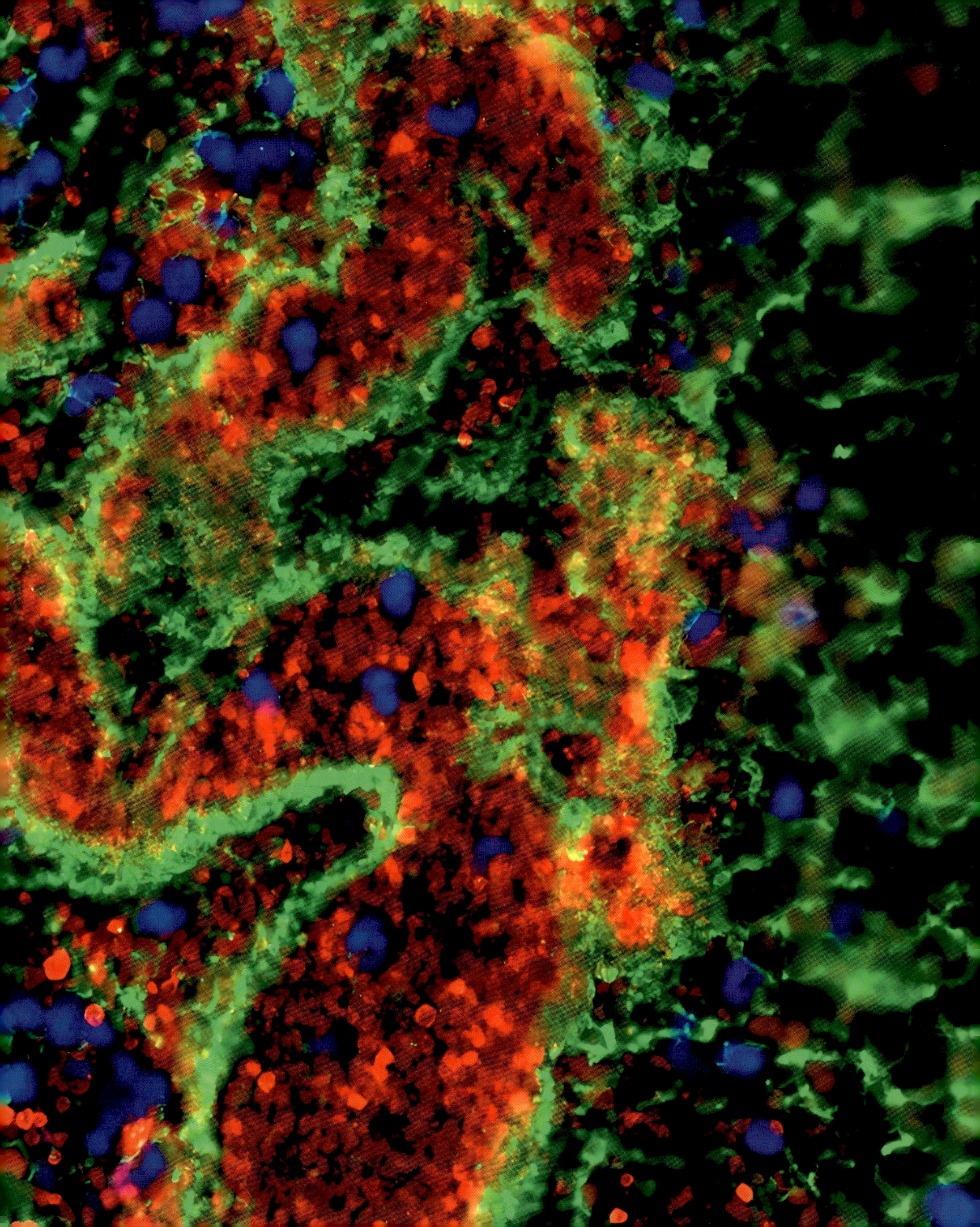

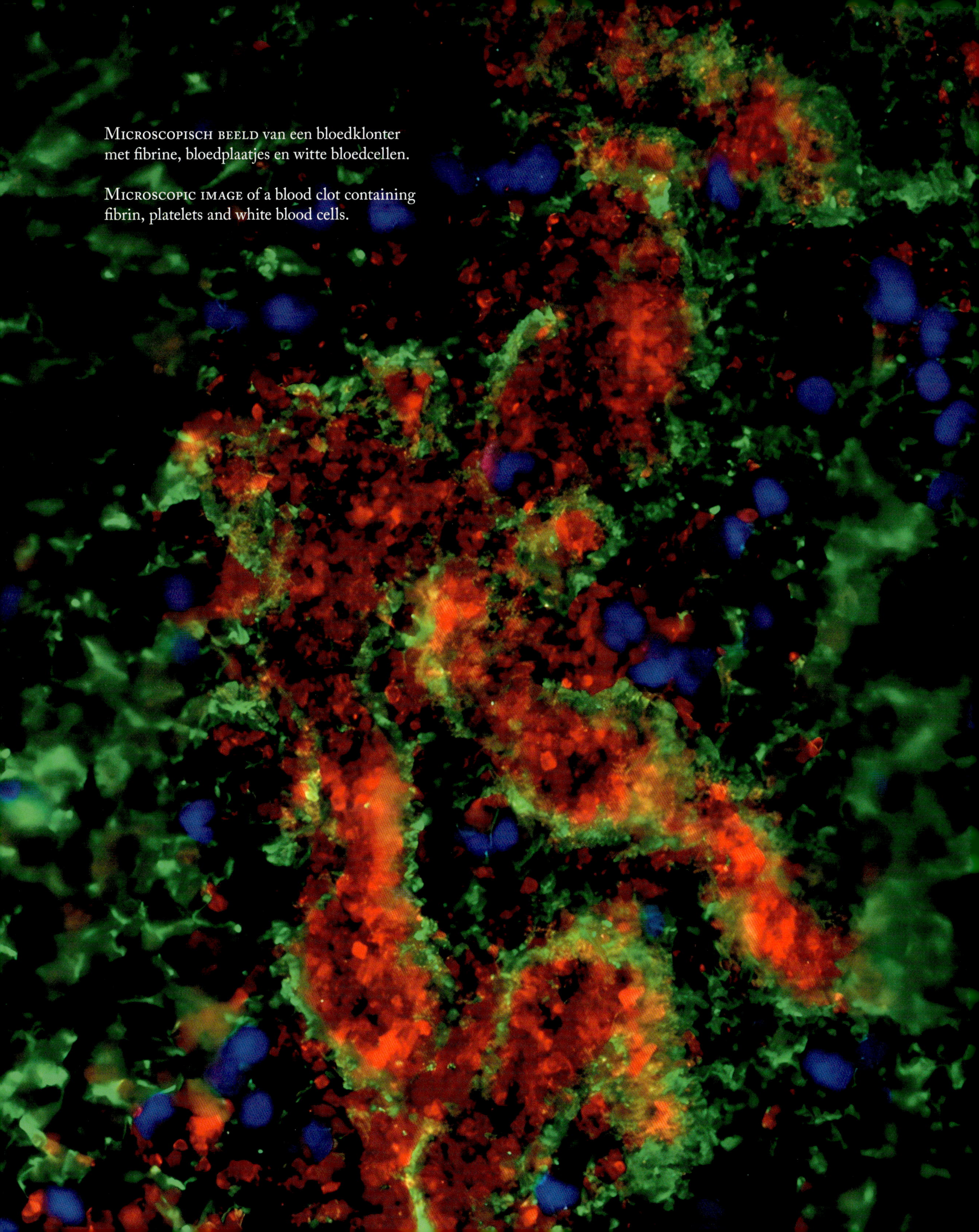

Microscopisch beeld van een bloedklonter met fibrine, bloedplaatjes en witte bloedcellen.

Microscopic image of a blood clot containing fibrin, platelets and white blood cells.

De kleur van een beroerte

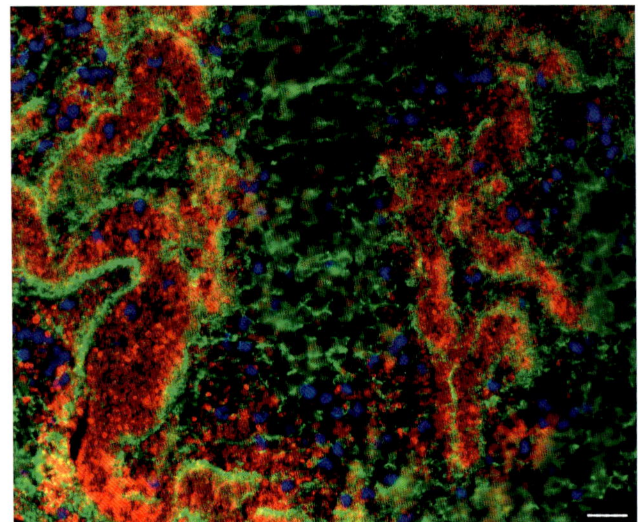

> Voor het eerst kunnen we bloedklonters bestuderen zoals ze in het lichaam gevormd zijn.

Op het beeld zie je een microscopisch detail van iets dat ons hele leven op zijn kop kan zetten: een bloedklonter die een beroerte veroorzaakt. Wat op het eerste gezicht lijkt op een vrolijk, kleurrijk patroon – groene draden, rode zones en blauwe stipjes – is in werkelijkheid een gevaarlijke verstopping. Wanneer zo'n klonter een bloedvat in de hersenen afsluit, sterven hersencellen al na enkele minuten af door zuurstoftekort. Bij een ischemische beroerte tikt de klok genadeloos door. De bloedklonter moet zo snel mogelijk opgelost worden om permanente hersenschade te voorkomen. Maar dat is makkelijker gezegd dan gedaan. Vandaag bestaat er maar één medicijn dat gebruikt wordt om dit soort klonters op te lossen, en dat werkt niet bij elke patiënt even goed.

Om betere behandelingen te ontwikkelen, moeten we precies begrijpen hoe deze bloedklonters zijn samengesteld. Wat het beeld zo bijzonder maakt, is dat deze klonter afkomstig is van een echte patiënt. Dat is mogelijk dankzij een vernieuwende techniek, trombectomie, waarbij artsen de bloedklonter mechanisch verwijderen. Voor onderzoekers is dat goud waard: voor het eerst kunnen we bloedklonters bestuderen zoals ze in het lichaam gevormd zijn. Onder de microscoop blijkt een bloedklonter een verrassend complex bouwwerk. Dichte fibrinedraden (in het groen) vormen een soort webstructuur; bloedplaatjes klonteren samen tot compacte massa's (in het rood); daartussen bevinden zich witte bloedcellen (in het blauw), die een belangrijke rol spelen in ontstekingsprocessen.

De samenstelling verschilt sterk van patiënt tot patiënt. En precies die variatie is cruciaal. Zo begrijpen we waarom sommige klonters moeilijk oplossen en andere niet. Deze nieuwe inzichten openen de deur naar doeltreffendere medicijnen. Dat betekent: minder hersenschade, een grotere kans op herstel en uiteindelijk een betere levenskwaliteit voor mensen die een beroerte meemaken.

The colour of a stroke

THE IMAGE SHOWS A MICROSCOPIC DETAIL of something that can turn your life upside down: a blood clot that causes a stroke. It might look like a bright, colourful pattern at first glance – with green threads, red areas and blue dots – but in reality it is a dangerous blockage. When a clot like this blocks a blood vessel in the brain, brain cells die due to lack of oxygen after just a few minutes. In an ischaemic stroke, the clock is ticking relentlessly. The blood clot has to be dissolved as soon as possible to avoid permanent brain damage. However, that is easier said than done. Today, there is only one drug that can be used to dissolve such clots, and it does not work equally well in all patients.

For the first time, we can study blood clots as they are formed in the body.

To develop better treatments, we need to understand the precise composition of these blood clots. What makes this image so special is that the clot came from a real patient. This has been made possible thanks to an innovative technique called thrombectomy, in which doctors remove the blood clot mechanically. This is extremely valuable for researchers: we can now study blood clots as they are formed in the body for the first time. When viewed under the microscope, a blood clot turns out to be a surprisingly complex structure. Dense fibrin filaments (in green) form a web-like structure; platelets clump together to form compact masses (in red); in between these are white blood cells (in blue), which play an important role in inflammatory processes.

The composition varies a lot from one patient to another. It is precisely this variation that is so important. It helps us to understand why some clots are difficult to dissolve while others are not. The new insights are opening the door to more effective drugs. That means: less brain damage, an improved chance of recovery and ultimately a better quality of life for people who have a stroke.

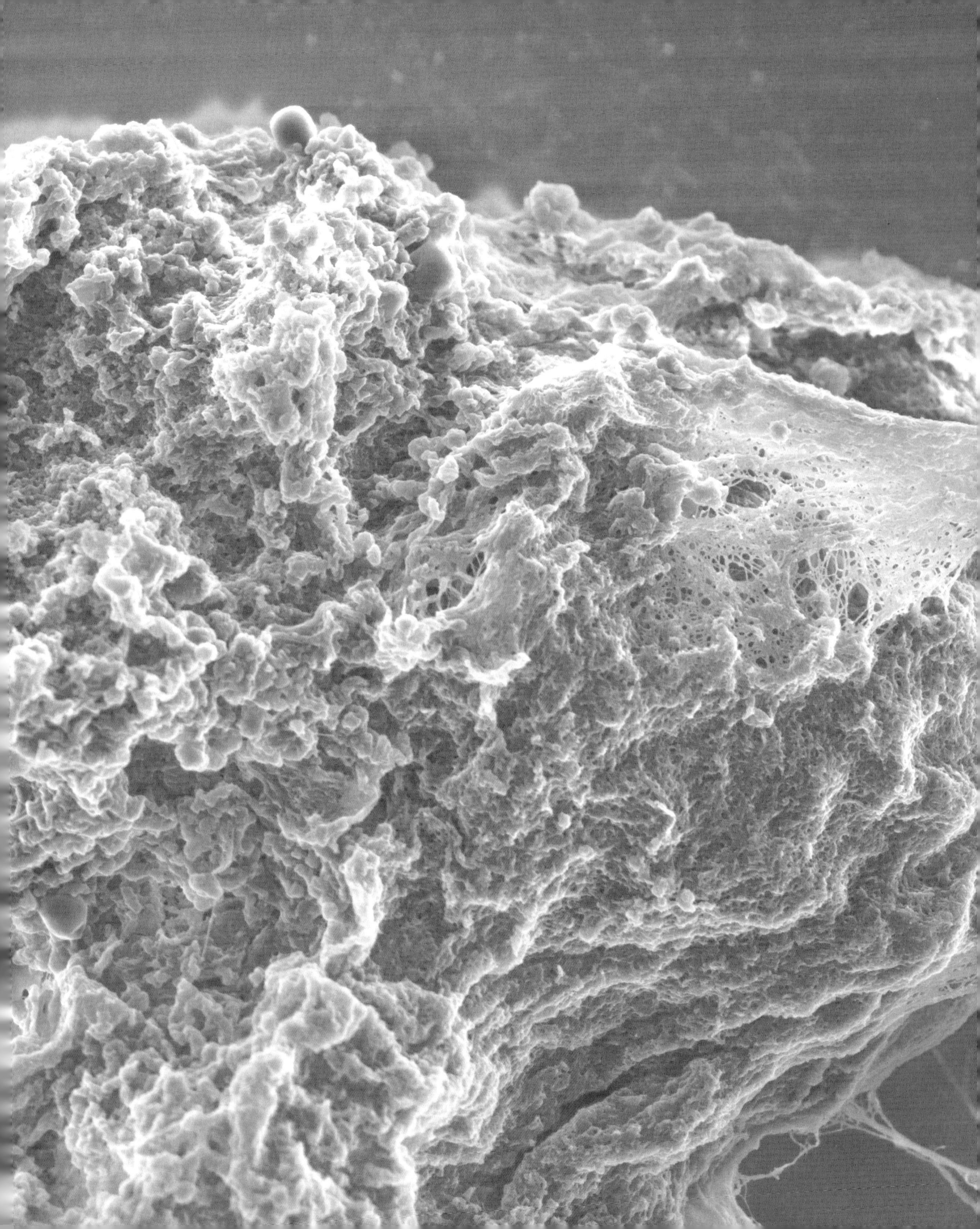

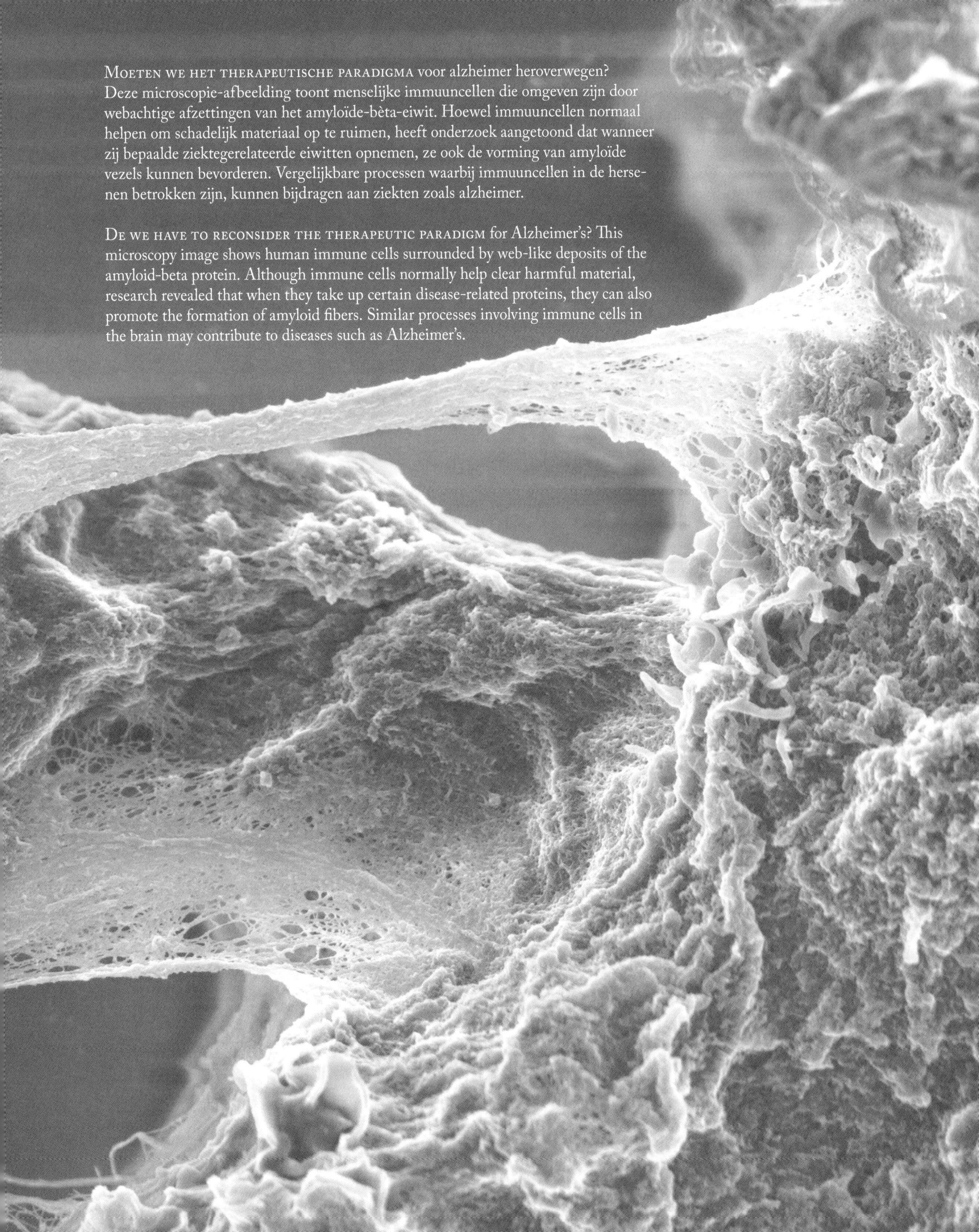

Moeten we het therapeutische paradigma voor alzheimer heroverwegen? Deze microscopie-afbeelding toont menselijke immuuncellen die omgeven zijn door webachtige afzettingen van het amyloïde-bèta-eiwit. Hoewel immuuncellen normaal helpen om schadelijk materiaal op te ruimen, heeft onderzoek aangetoond dat wanneer zij bepaalde ziektegerelateerde eiwitten opnemen, ze ook de vorming van amyloïde vezels kunnen bevorderen. Vergelijkbare processen waarbij immuuncellen in de hersenen betrokken zijn, kunnen bijdragen aan ziekten zoals alzheimer.

De we have to reconsider the therapeutic paradigm for Alzheimer's? This microscopy image shows human immune cells surrounded by web-like deposits of the amyloid-beta protein. Although immune cells normally help clear harmful material, research revealed that when they take up certain disease-related proteins, they can also promote the formation of amyloid fibers. Similar processes involving immune cells in the brain may contribute to diseases such as Alzheimer's.

Het verschil tussen depressie en dementie in beeld

Een ernstige depressie bij ouderen is zelden een voorbode van alzheimer.

Bij oudere mensen met een ernstige depressie merken we vaak ook duidelijke geheugenproblemen op. Soms zijn die zo uitgesproken dat ze doen denken aan beginnende dementie. Ook op hersenscans valt iets op: een belangrijke geheugenstructuur, de hippocampus, is vaak wat kleiner. Bovendien weten we dat mensen die op latere leeftijd een depressie doormaken een grotere kans hebben om dementie te ontwikkelen. Daarom dachten artsen lange tijd dat een depressie bij ouderen vaak een vroege voorbode was van de ziekte van Alzheimer. Die gedachte zorgde ervoor dat men het herstel soms somber inschatte.

Vroeger kon men de ziekte van Alzheimer alleen na het overlijden met zekerheid vaststellen. Onder de microscoop zochten neuropathologen naar twee typische eiwitten die zich opstapelen in de hersenen: amyloïde-bèta en tau. Tijdens het leven kon men alzheimer niet rechtstreeks aantonen of uitsluiten. Bij een oudere persoon met een depressie en geheugenproblemen bleef dus altijd de vraag hangen: is dit een depressie, of toch beginnende alzheimer?

UNAFFECTED PARTICIPANT

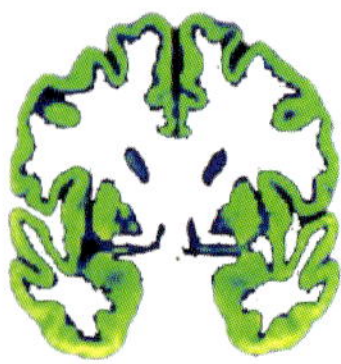

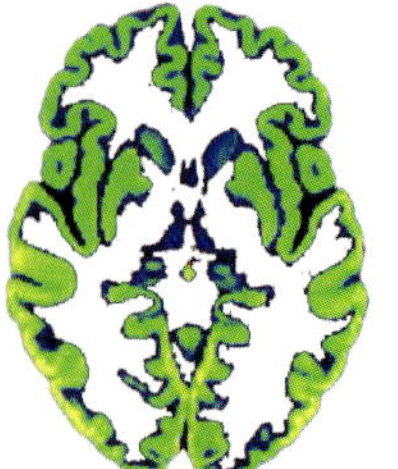

LATE-LIFE DEPRESSION

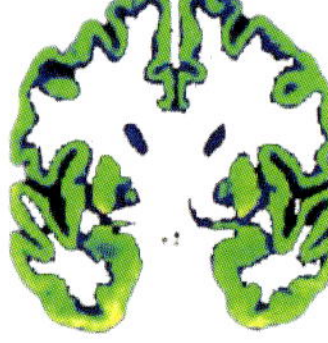

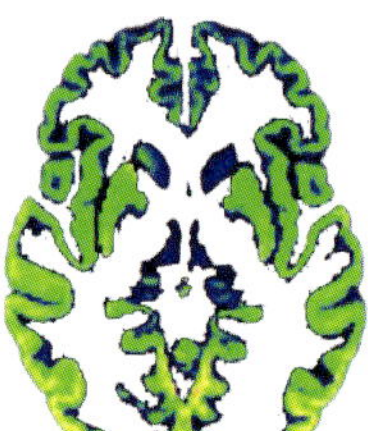

ALZHEIMER'S DISEASE

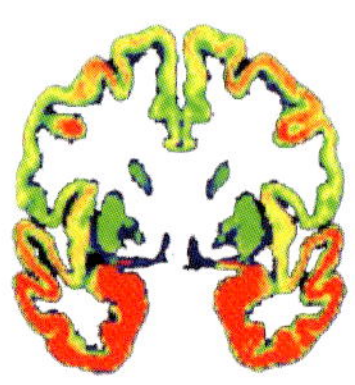

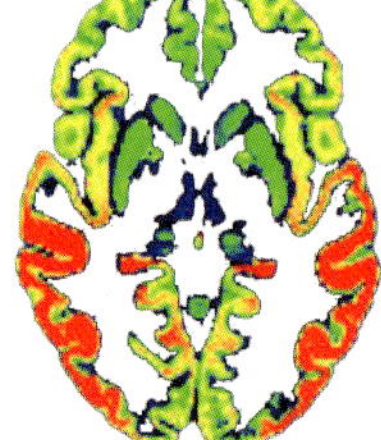

Vandaag beschikken we over nieuwe beeldvormingstechnieken. Met behulp van een PET-scan kunnen we bepaalde eiwitten zichtbaar maken in het levende brein. We dienen daarvoor een kleine hoeveelheid van een zogenaamde *speurstof* toe. Die stoffen hechten zich specifiek aan amyloïde-bètaplaques of pathologisch tau en zenden een meetbaar signaal uit. Zo kunnen we nagaan of de typische eiwitopstapelingen van alzheimer aanwezig zijn – terwijl iemand nog leeft.

Wat tonen de hersenscans? De figuur bij deze tekst toont PET-scans waarop het tau-eiwit zichtbaar is gemaakt. Links zie je de gemiddelde tau-opstapeling bij gezonde oudere vrijwilligers. Rechts zie je het duidelijk verhoogde tau-gehalte bij mensen met de ziekte van Alzheimer. In het midden zie je de gemiddelde tau-waarde bij ouderen met een ernstige depressie en uitgesproken geheugenproblemen. Wat blijkt? De mensen met een depressie verschillen niet van de gezonde vrijwilligers. Hun hersenen tonen géén verhoogde tau-opstapeling. Het verschil met mensen met alzheimer is daarentegen groot.

Deze bevinding is belangrijk. Ze toont dat een ernstige depressie bij oudere mensen zelden een voorbode is van alzheimer. Ons hersenonderzoek laat bovendien zien dat het brein bij depressie zijn vermogen tot verandering en herstel – de zogenaamde neuroplasticiteit – grotendeels behoudt. Dat betekent dat herstel mogelijk is. Dit inzicht ondersteunt een meer hoopvolle en herstelgerichte kijk op psychische problemen bij ouderen.

Visualising the difference between depression and dementia

In older people with severe depression, we often also observe clear memory problems. These can be so pronounced that they are taken as a sign of early-stage dementia. On brain scans too, there is a striking feature: an important memory structure, the hippocampus, is often somewhat smaller. Moreover, we know that people who experience depression later in life are more likely to develop dementia. For a long time, doctors therefore believed that depression in the elderly was often an early precursor to Alzheimer's disease. As a result, the prospects of recovery were sometimes viewed with pessimism.

In the past, Alzheimer's disease could only be diagnosed with certainty after death. Under the microscope, neuropathologists would look for two typical proteins that accumulate in the brain: amyloid beta and tau. During a person's lifetime, it was not possible to demonstrate or rule out Alzheimer's directly. This meant that for an older person with depression and memory problems, the question always remained: is this depression or early-stage Alzheimer's?

Today, new imaging techniques are available. Using a PET scan, we can visualise certain proteins in the living brain. To do so, we administer a small amount of a 'tracer substance'. These substances bind specifically to amyloid beta plaques or pathological tau and emit a measurable signal. This enables us to determine whether the characteristic protein accumulations of Alzheimer's are present – while the person is still alive.

What do the brain scans show? The figure accompanying this text shows PET scans in which the tau protein has been visualised. On the left, you see the average tau accumulation in healthy older volunteers. On the right, you notice the clearly elevated tau level in people with Alzheimer's disease. In the middle, the average tau value in older adults with severe depression and pronounced memory problems is shown. What does this show? The people with depression do not differ from the healthy volunteers: their brains do not show an elevated tau accumulation. The difference compared to people with Alzheimer's, by contrast, is considerable.

This finding is important. It demonstrates that severe depression in older people is rarely a precursor to Alzheimer's. Moreover, our brain research shows that in cases of depression, the brain largely retains its capacity for change and recovery – its neuroplasticity – which means that recovery is possible. This insight supports a more hopeful and recovery-oriented view of mental health issues in older adults.

> A severe depression in older adults is rarely a precursor to Alzheimer's.

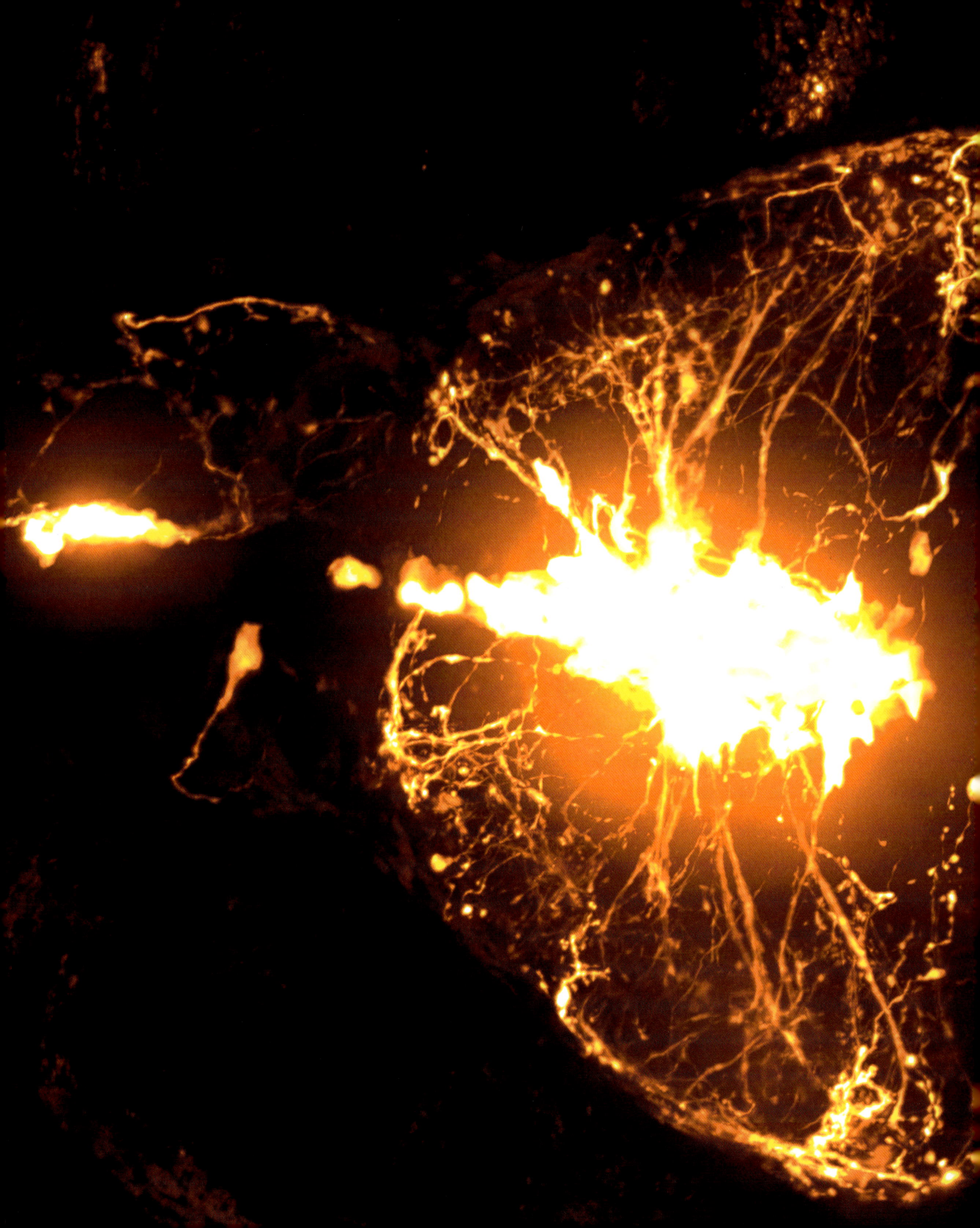

Zebravislarve met getransplanteerde menselijke hersencellen.

Zebrafish larva with transplanted human brain cells.

Een mini-vissenbrein met menselijke hersencellen

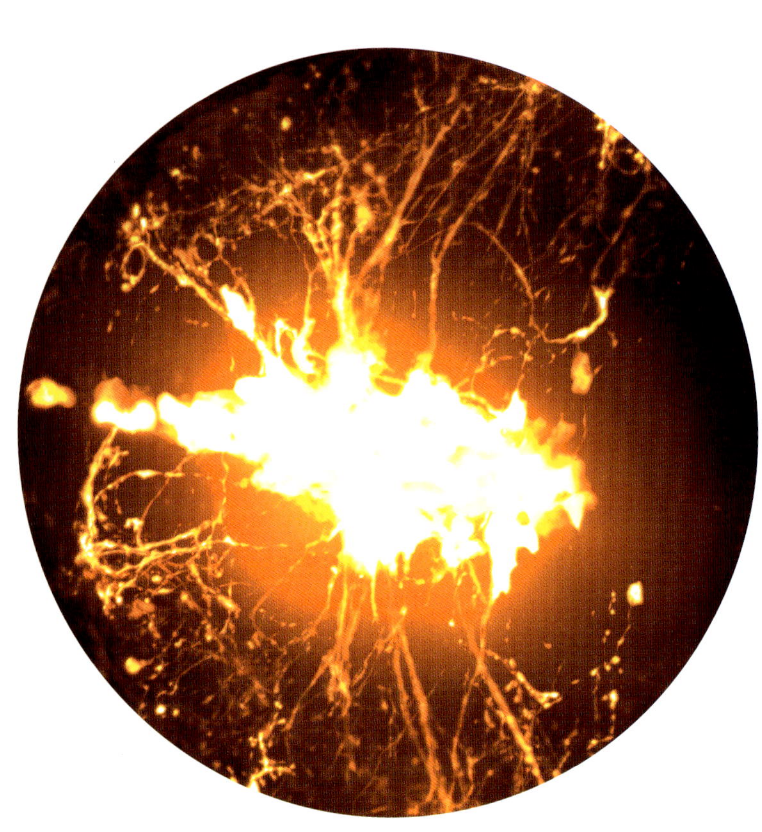

Op deze afbeelding zie je een jong zebravisje van amper een week oud, waarin menselijke hersencellen zijn ingebracht. Deze cellen (oranje gekleurd) nestelen zich voornamelijk in de middenhersenen en maken verbindingen naar andere delen, zoals de ogen, het ruggenmerg en de voorhersenen.

Waarom zou je dat doen? Het onderzoeken van menselijke hersencellen in proefdiermodellen zoals knaagdiermodellen is een nieuwe slimme manier om ziektes in de hersenen beter te kunnen begrijpen. Omdat zebravisjes klein zijn, snel groeien en hun hersenwerking verrassend veel op deze van mensen lijkt, kunnen zij hieraan bijdragen. Zo zouden onderzoekers sneller en preciezer kunnen testen wat er misgaat bij aandoeningen zoals kinderepilepsie.

Deze aanpak helpt om te zoeken naar behandelingen die beter werken, zeker bij vormen van epilepsie die moeilijk te behandelen zijn. Een kleine vis dus, met een grote bijdrage aan toekomstig hersenonderzoek.

> Een kleine vis,
> met een grote bijdrage
> aan toekomstig hersenonderzoek.

A mini fish brain with human brain cells

THIS IMAGE SHOWS a young zebrafish barely a week old into which human brain cells have been inserted. These cells (coloured orange) are mainly located in the midbrain, where they make connections to other parts, such as the eyes, spinal cord and forebrain.

Why would you do that? Studying human brain cells in laboratory animal models such as rodent models is a smart new way to gain a better understanding of brain diseases. Since zebrafish are small, grow rapidly and have brains that function in a surprisingly similar way to that of humans, they can contribute to this process. It could allow researchers to test more quickly and accurately the things that go wrong in conditions such as childhood epilepsy.

This approach helps in the search for more efficient treatments, especially in forms of epilepsy that are difficult to treat. So this small fish is making a big contribution to future brain research.

This small fish is making a big contribution to future brain research.

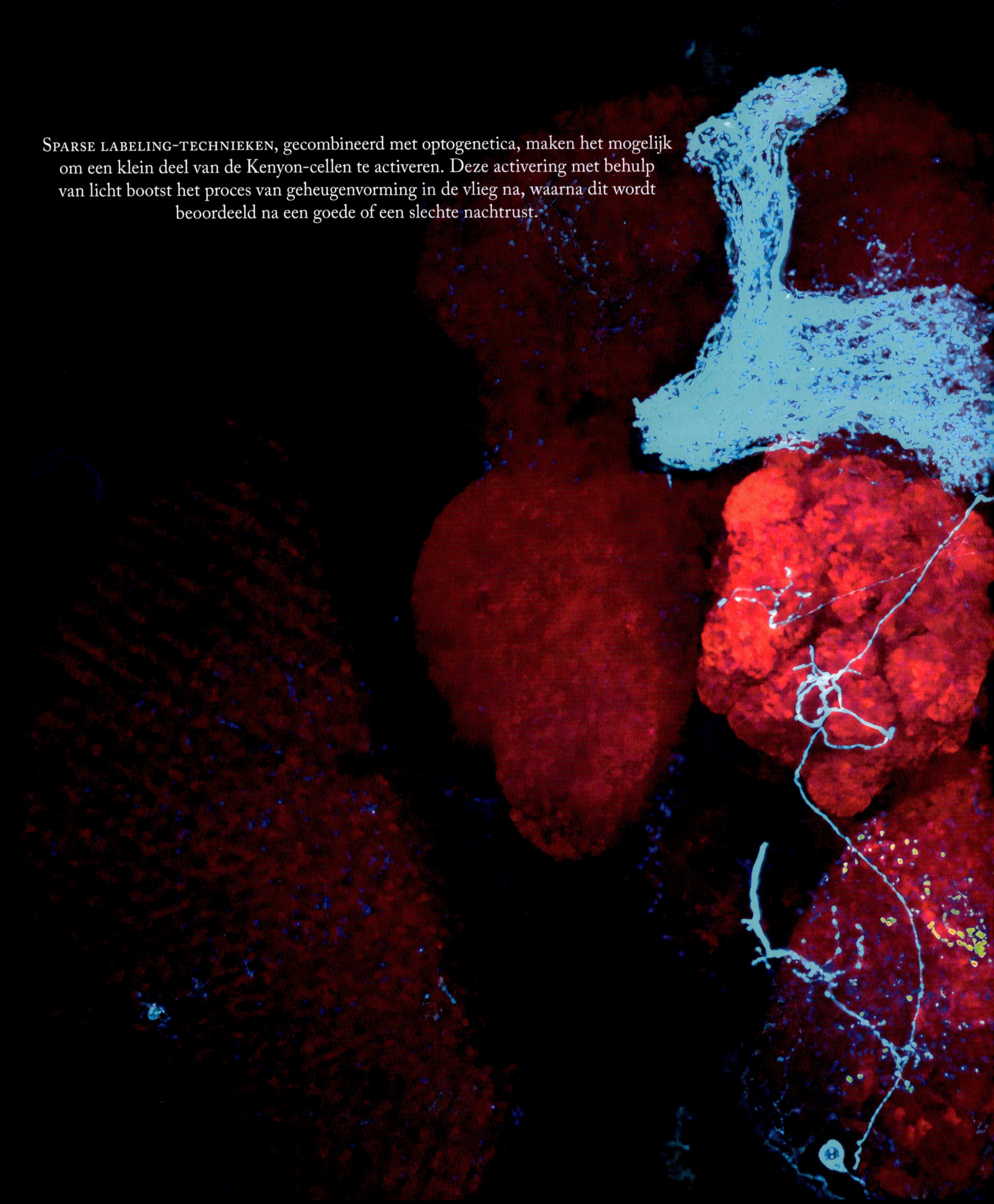

Sparse labeling-technieken, gecombineerd met optogenetica, maken het mogelijk om een klein deel van de Kenyon-cellen te activeren. Deze activering met behulp van licht bootst het proces van geheugenvorming in de vlieg na, waarna dit wordt beoordeeld na een goede of een slechte nachtrust.

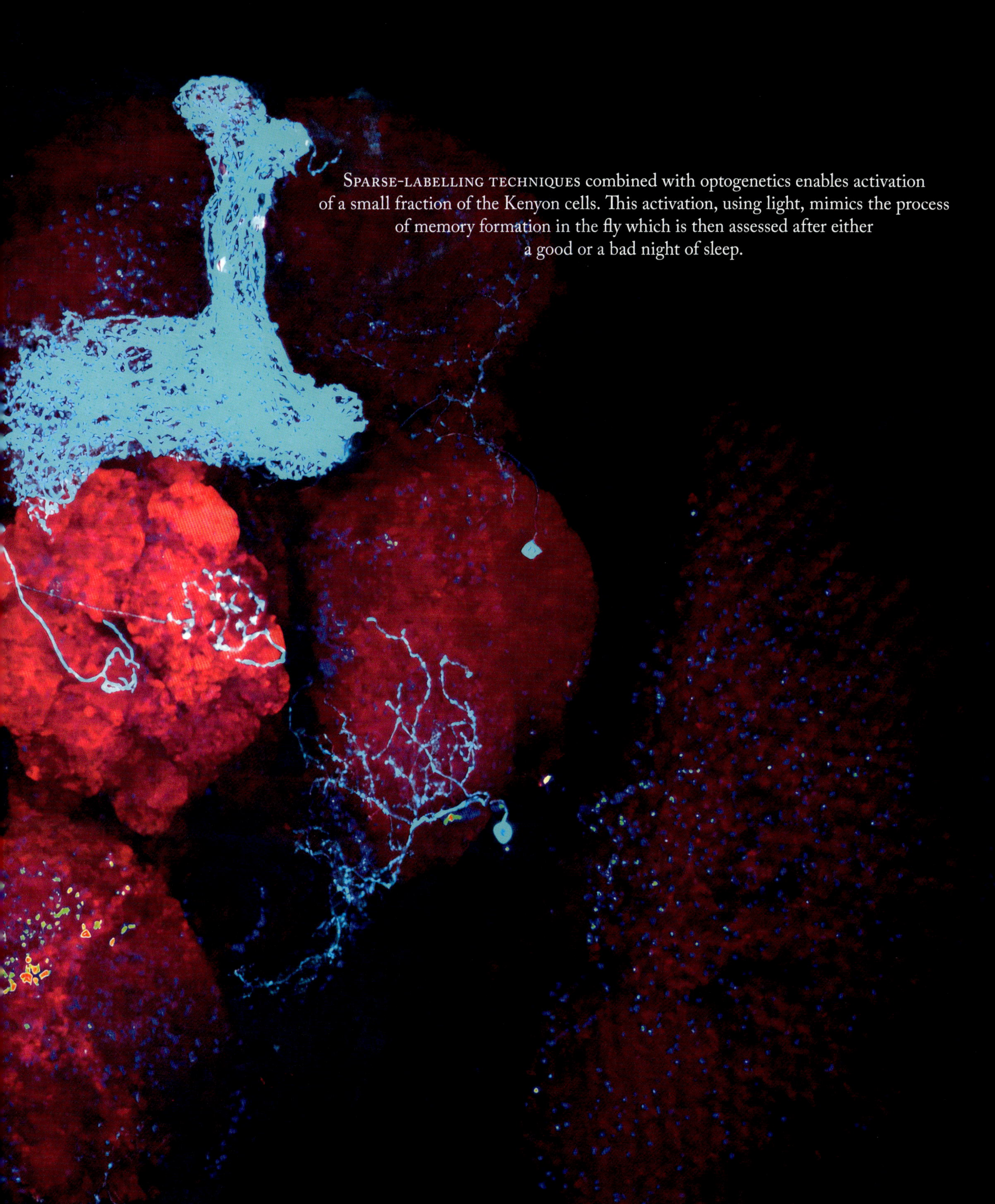

Sparse-labelling techniques combined with optogenetics enables activation of a small fraction of the Kenyon cells. This activation, using light, mimics the process of memory formation in the fly which is then assessed after either a good or a bad night of sleep.

Een kleurrijke kaart van slaap in de hersenen

Een dwarsdoorsnede van de hersenen van een fruitvlieg, gemarkeerd met fluorescerende kleuren. Elke kleur staat voor verschillende soorten hersencellen en verbindingen die betrokken zijn bij slaap. Hoewel fruitvliegen eenvoudig lijken, hebben ze veel genetische en biologische overeenkomsten met mensen. Dit maakt ze een krachtig model om te bestuderen hoe slaap op het meest fundamentele niveau werkt.

Fruitvliegen hebben al een grote rol gespeeld in baanbrekend slaaponderzoek. De moleculaire basis van de circadiaanse klok, het interne ritme dat onze slaap-waakcyclus reguleert, werd voor het eerst ontdekt in fruitvliegen. Deze ontdekking won in 2017 de Nobelprijs voor Fysiologie of Geneeskunde.

> De moleculaire basis van onze interne biologische klok werd voor het eerst ontdekt in fruitvliegen.

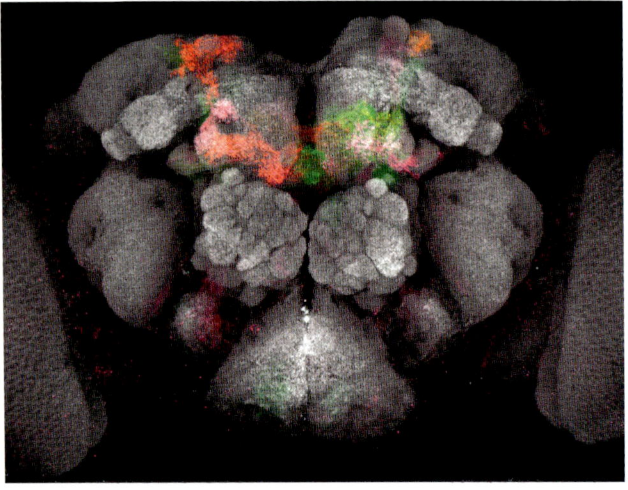

Slaap is een van de meest fascinerende biologische processen. We weten dat slaap essentieel is voor onze gezondheid; het is cruciaal voor het geheugen, herstel, immuunfunctie en emotioneel welzijn. Maar hoe slaap op cellulair niveau wordt gereguleerd en welke mechanismen in de hersenen bepalen wanneer we ons slaperig voelen en wanneer we wakker worden, zijn nog steeds grote vragen die onderzoekers proberen te beantwoorden.

Nieuw onderzoek wijst uit dat gliacellen, een ander type hersencel, een veel grotere rol spelen dan eerder werd gedacht. Gliacellen werden vroeger gezien als louter 'ondersteunende cellen' voor neuronen, maar we hebben ontdekt dat ze helpen bepalen wanneer en hoelang we slapen. Gliacellen bevatten genetische signalen die verband houden met zowel de slaapdrang (hoe moe je je voelt) als de circadiaanse klok. Dit suggereert dat gliacellen mogelijk fungeren als een schakelbord dat beide systemen integreert en onze slaappatronen beïnvloedt. Als dit klopt, zou het onze kijk op slaapstoornissen en de behandeling daarvan kunnen veranderen. Het zou kunnen leiden tot effectievere therapieën met minder bijwerkingen dan de huidige slaapmedicatie.

Er is nog zoveel dat we niet weten over slaap. Onze studie heeft gliale cellen geïntroduceerd, maar dit is nog maar het begin. Met geavanceerde technologieën zoals *single-cell genomics* en AI is het nu mogelijk om de hersenen gedetailleerder dan ooit te analyseren. Dit betekent dat er nog veel meer geheimen over slaap wachten om ontdekt te worden.

> The molecular basis of our internal biological clock was first discovered in fruit flies.

A colourful map of sleep in the brain

A CROSS-SECTION OF A FRUIT FLY'S BRAIN, marked with fluorescent colors. Each colour represents different types of brain cells and connections involved in sleep. Although fruit flies may seem simple, they share many genetic and biological similarities with humans. This makes them a powerful model for studying how sleep works at the most fundamental level.

Fruit flies have already played a huge role in groundbreaking sleep research. The molecular basis of the circadian clock, the internal rhythm that regulates our sleep-wake cycle, was first discovered in fruit flies. This discovery won the 2017 Nobel Prize in Physiology or Medicine.

Sleep is one of the most fascinating biological processes. We know that sleep is essential for our health; it's crucial for memory, recovery, immune function, and emotional well-being. But how sleep is regulated at the cellular level, and which mechanisms in the brain control when we feel sleepy and when we wake up, are still big questions we are trying to answer.

New research suggests that glial cells, a type of brain cell, play a much bigger role than previously thought. Glial cells were once seen as mere 'support cells' for neurons, but we discovered that they help control when and how long we sleep. Glial cells contain genetic signals linked to both sleep drive (how tired you feel) and the circadian clock. This suggests that glial cells might act as a switchboard, integrating both systems and influencing our sleep patterns. If this is true, it could change the way we think about sleep disorders and how they are treated. This could lead to more effective therapies with fewer side effects than current sleep medications.

There is still so much we don't know about sleep. Our study has introduced glial cells, but this is just the beginning. With cutting-edge technologies like single-cell genomics and AI, it is now possible to analyze the brain in greater detail than ever before. This means that many more sleep secrets are waiting to be discovered.

Fotoreeks uit 1891 toont een patiënt in Salpêtrière (Parijs) met catalepsie: verstarde, onnatuurlijke houdingen tijdens hypnose.

Series of photographs from 1891 showing a patient in Salpêtrière (Paris) with catalepsy: stiffened, unnatural postures during hypnosis.

Lichtgevoelig: psychiaters, patiënten, portretten

De ernstige toestandsbeelden die de vergeelde foto's tonen, suggereren dat deze tot een ver verleden behoren. Niets is minder waar.

EEN VERSTARD BEELD. Vastgevroren in de tijd. Het hoofd licht voorovergebogen, de armen in een onnatuurlijke houding, de blik met angst gevuld.

De foto werd in 1891 in het beroemde Salpêtrièreziekenhuis in Parijs gemaakt door Albert Londe. In de 19de en vroege 20ste eeuw gebruikten psychiaters fotografie om ziektebeelden visueel vast te leggen. Grote namen, zoals Jean-Martin Charcot, maakten gebruik van foto's om diagnoses te ondersteunen, waarbij ze zelfs fotografen in dienst namen, zoals Albert Londe, die iconische beelden maakte van patiënten met neurologische of psychiatrische stoornissen.

Het fenomeen op de foto is eeuwenoud en wordt catalepsie genoemd, een symptoom van catatonie. De ernstige toestandsbeelden die de vergeelde foto's tonen suggereren dat deze tot een ver verleden behoren. Niets is minder waar. Catatonie is er ook vandaag nog, maar is goed te behandelen met medicatie zoals benzodiazepinen en elektroconvulsietherapie (ect). Catatonie, gekenmerkt door motorische symptomen zoals verstarring, mutisme, eigenaardige en repetitieve bewegingen, kan levensbedreigend zijn, maar reageert goed op behandeling. Bij ect wordt onder narcose een convulsie uitgelokt door het toedienen van een elektrische puls. Het is de oudste en meest werkzame behandeling in het psychiatrisch arsenaal. Het onderzoeksteam ACCENT werkt aan het verbeteren van de toepassing van ect: hoe verhoog je het comfort van patiënten, hoe verminder je de angst voor ect, waar plaats je elektroden het beste, welke stroomsterkte minimaliseert bijwerkingen, en hoe voorkom je terugval na een succesvolle behandeling? Door deze praktische vragen te beantwoorden, willen onderzoekers de behandeling veiliger en effectiever maken.

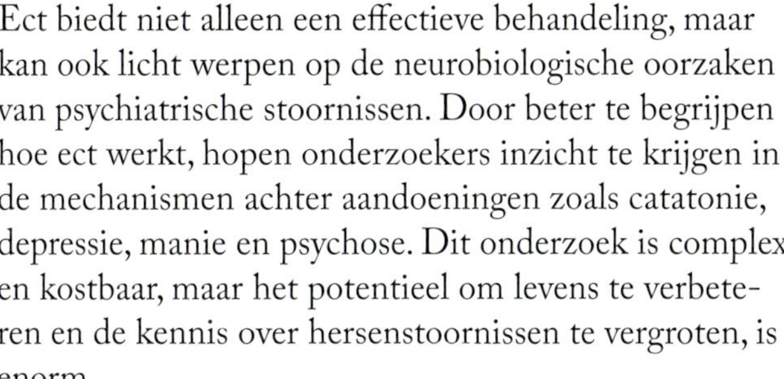
Ect biedt niet alleen een effectieve behandeling, maar kan ook licht werpen op de neurobiologische oorzaken van psychiatrische stoornissen. Door beter te begrijpen hoe ect werkt, hopen onderzoekers inzicht te krijgen in de mechanismen achter aandoeningen zoals catatonie, depressie, manie en psychose. Dit onderzoek is complex en kostbaar, maar het potentieel om levens te verbeteren en de kennis over hersenstoornissen te vergroten, is enorm.

Photosensitive: psychiatrists, patients, portraits

AN IMAGE OF STIFFNESS. Frozen in time. The head bent slightly forward, the arms in an unnatural position, the gaze filled with fear.

The picture was taken in 1891 at the famous Salpêtrière Hospital in Paris by Albert Londe. In the 19th and early 20th centuries, psychiatrists used photography to make a visual record of syndromes. Well-known figures such as Jean-Martin Charcot used photographs to support diagnoses, even employing photographers such as Albert Londe, who took iconic images of patients with neurological or psychiatric disorders.

> The images of this severe condition in the yellowed photos suggest that they belong to a distant past. Nothing could be further from the truth.

The phenomenon in the picture has been known for centuries, and is known as catalepsy, a symptom of catatonia. The images of this severe condition in the yellowed photos suggest that they belong to a distant past. Nothing could be further from the truth. Catatonia still exists today, but it is amenable to treatment with medication such as benzodiazepines and electroconvulsive therapy (ECT). Catatonia, characterised by motor symptoms such as rigidity, mutism and peculiar, repetitive movements, can be life-threatening but it responds well to treatment. In ECT a seizure is triggered under anaesthesia by administering an electrical pulse. This is the oldest and most effective treatment in the psychiatric arsenal. The ACCENT research team is working to improve the use of ECT: how to make patients more comfortable and reduce their fear of ECT, where best to place the electrodes, what strength of current minimises side effects and how to prevent a relapse after successful treatment. By answering these practical questions, researchers aim to make the treatment safer and more effective.

ECT not only provides effective treatment, but it can also shed light on the neurobiological causes of psychiatric disorders. By gaining a better understanding of how ECT works, researchers are hoping to gain insight into the mechanisms behind conditions such as catatonia, depression, mania and psychosis. This research is complex and costly, but its potential to give people a better life and improve our knowledge of brain disorders is huge.

Hoe we waarnemen, leren en betekenis geven
How we perceive, learn and make meaning

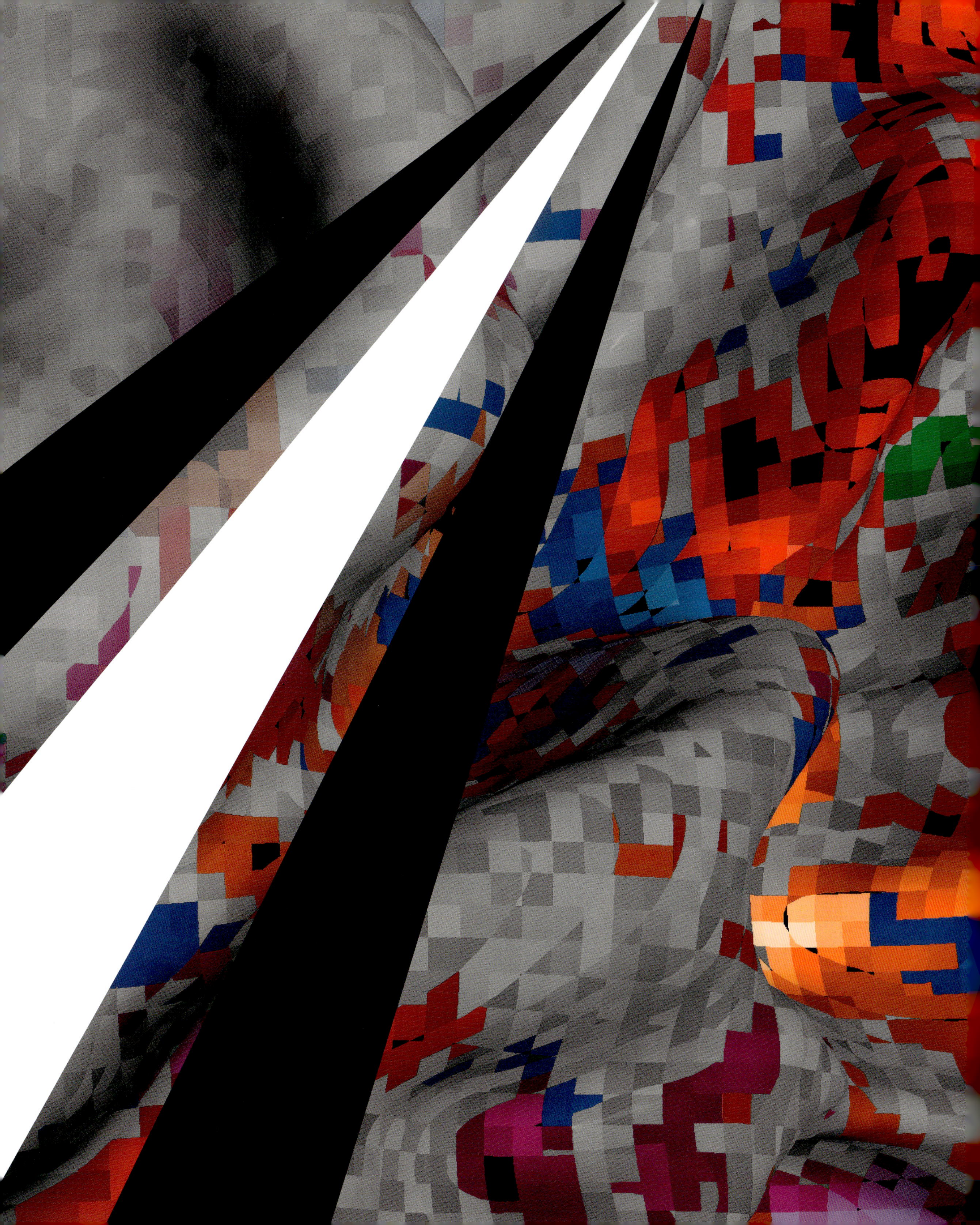

5. Hoe we waarnemen, leren en betekenis geven

> Wat we ervaren, verandert onze hersenen. En onze hersenen bepalen hoe we de wereld tegemoet treden.

Je herkent een gezicht in een fractie van een seconde. Een melodie roept plots een herinnering op die je vergeten was. *Friday I'm in love* van The Cure, en je staat zo weer bij je eerste zoen. Je leert fietsen, valt en probeert opnieuw. En voor je het goed en wel beseft, rijd je je eerste wedstrijd in de wijk. Wat vanzelfsprekend lijkt, is het resultaat van een brein dat voortdurend interpreteert, bijstuurt en betekenis geeft.

Waarnemen is nooit een passieve handeling. Wat we zien, horen of voelen, wordt meteen verbonden met wat we al weten, verwachten of hebben meegemaakt. Het brein weeft prikkels en herinneringen samen tot ervaring. Leren gebeurt niet alleen op school of in cursussen, maar in elke beweging, elke fout, elke herhaling. Zelfs stilte, rust en emotie laten sporen na.

In dit deel volgen we onderzoekers die dat alledaagse wonder ontleden. Ze bestuderen hoe mensen leren, bewegen en voelen. En wat er precies gebeurt als die processen anders verlopen. Niet om afwijkingen te labelen, maar om te begrijpen hoe flexibel en veelzijdig het brein is. Van verschillen in aandacht en taal tot motorische ontwikkeling en muzikaliteit: variatie blijkt geen uitzondering, maar de regel.

Wat hier duidelijk wordt? Dat het brein geen vaststaand orgaan is, maar een levend systeem dat in voortdurende wisselwerking is met zijn omgeving. Wat we ervaren, verandert onze hersenen. En onze hersenen bepalen hoe we de wereld tegemoet treden. En andersom.

5. How we perceive, learn and make meaning

You recognise a face in a split second. A melody suddenly evokes a memory you had forgotten. *Friday I'm in love* by The Cure takes you right back to your first kiss. You learn to ride a bike, fall off and try again. Before you know it, you are in your first neighbourhood cycling contest. Things that seem obvious are the result of a brain that is constantly interpreting, adapting and creating meaning.

> The things we experience change our brains. Our brains determine the way we approach the world.

Observation is never a passive act. Whatever we see, hear or feel immediately gets linked to what we already know, expect or have experienced. The brain weaves together stimuli and memories into experience. Learning happens not only when you go to school or attend a course, but through every movement, every mistake and every repetition. Even silence, calm and emotion leave traces.

In this volume we follow researchers dissecting that everyday miracle. They study how people learn, move and feel, looking at exactly what happens when those processes change. Not to label abnormalities, but to understand how flexible and versatile the brain is. From differences in attention and language to motor development and musicality, variation turns out to be not the exception, but the rule.

What does this tell us? That the brain is not a fixed organ but a living system that is constantly interacting with its environment. The things we experience change our brains. Our brains determine the way we approach the world, and vice versa.

Warmtekaart over een schilderij toont waar bezoekers het meest kijken en hoe de compositie hun aandacht bijna vanzelf stuurt.

Heat map over a painting showing where visitors look most frequently and how the composition almost automatically directs their attention.

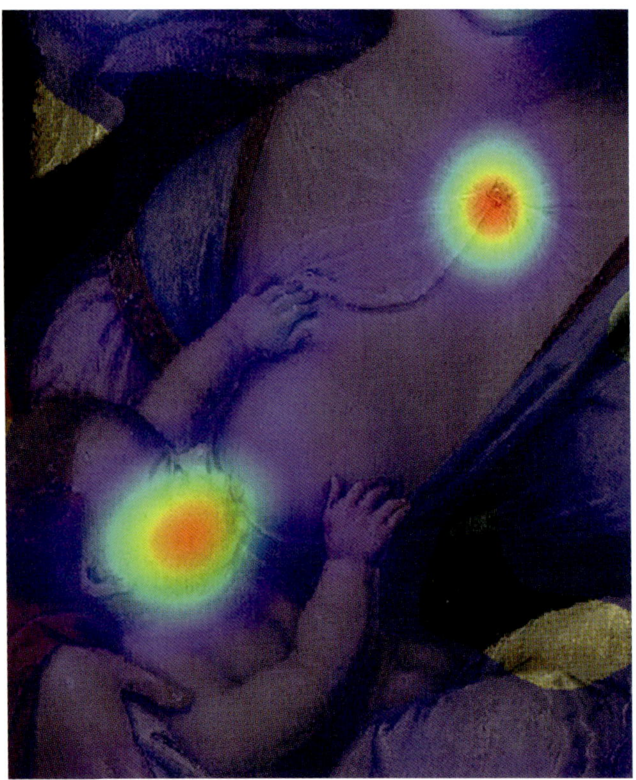

Kunst en het brein

Maria met kind en anjer (16e eeuws, onbekend), een schilderij uit de collectie van M. De kleuren vormen een deel van een warmtekaart of heatmap van de oogbewegingen van 2040 bezoekers, die elk 30 seconden naar het werk keken. De warme hotspot-kleuren, rood en oranje, geven aan waar de ogen langer stilstonden. De zones in de koele kleuren (vooral blauw) zijn plekken die bezoekers minder vaak en minder lang bekeken.

Wat opvalt, is dat de drie buitenste hotspots – het rechteroog van Maria, de wang van kindje Jezus en de anjer – de hoekpunten vormen van een gelijkzijdige driehoek, waarbij de middelste hotspot precies op het snijpunt van de drie bissectrices zit. Op dat punt heeft de schilder een subtiel knoopje geplaatst dat Maria's voile samenhoudt. Dit punt houdt bovendien de strakke, driehoekige compositie samen, wat natuurlijk geen toeval is en wat kijkers spontaan oppikken.

> De warme hotspots verraden waar de blik van duizenden bezoekers het langst bleef hangen.

Dit beeld illustreert mooi de kracht van oogbewegingsregistratie als onmisbaar hulpmiddel om te achterhalen hoe we naar kunst kijken en hoe onze manier van kijken samenhangt met onze appreciatie ervan. Verschillende factoren spelen hierin een rol: hoe weet het kijkgedrag een aantal essentiële karakteristieken – zoals compositie – te capteren? Welke invloed hebben de verf en het doek op de kijkervaring? En hoe zit het met de textuur van de borstelstreek?

Dit onderzoek maakt deel uit van de zogenaamde neuro-esthetiek, maar toont ook het blijvende belang van gedragsonderzoek en de combinatie van kwantitatieve en kwalitatieve onderzoeksmethoden.

Art and the brain

Virgin and Child with Carnation (16th century, unknown), a painting from M's collection. The colours form part of a heat map showing the eye movements of 2040 visitors who each looked at the work for 30 seconds. The warm colours, red and orange, show the hotspots the visitors looked at for longer. Areas shown in cool colours (mostly blue) were viewed less frequently by visitors and for a shorter time.

What is striking is that the three outer hotspots – the Virgin's right eye, the cheek of baby Jesus and the carnation – form the vertices of an equilateral triangle, with the hotspot in the centre located at the exact intersection of the three bisecting lines. At that point, the painter has placed a subtle knot used to fasten Mary's voile. This point also unifies the tight, triangular composition, which is obviously not an accident and viewers spontaneously pick up on this.

The image is a good illustration of the power of eye movement registration as an essential tool to work out how we look at art and link the way in which we look at it to our appreciation of it. Several factors play a role in this: how does viewing behaviour capture essential characteristics, such as composition? How do the paint and canvas affect the viewing experience? What about the texture of the brush strokes?

This research is part of an area known as neuro-aesthetics, and it is also demonstrating the continuing importance of behavioural research and the combination of quantitative and qualitative research methods.

The warm hotspots reveal where the gaze of thousands of visitors lingered the longest.

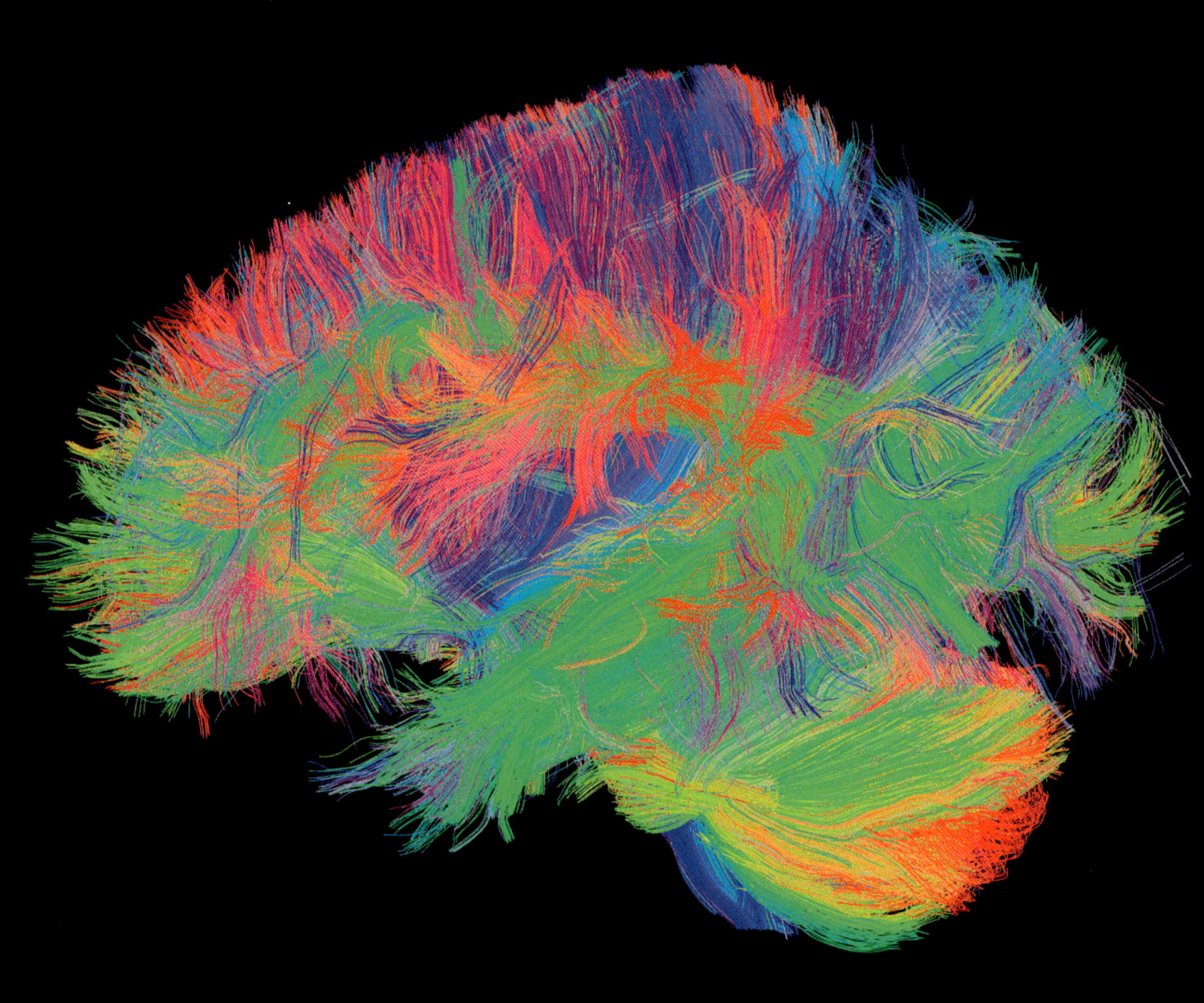

Wittestofbanen in het brein (dti), essentieel voor de communicatie tussen hersengebieden

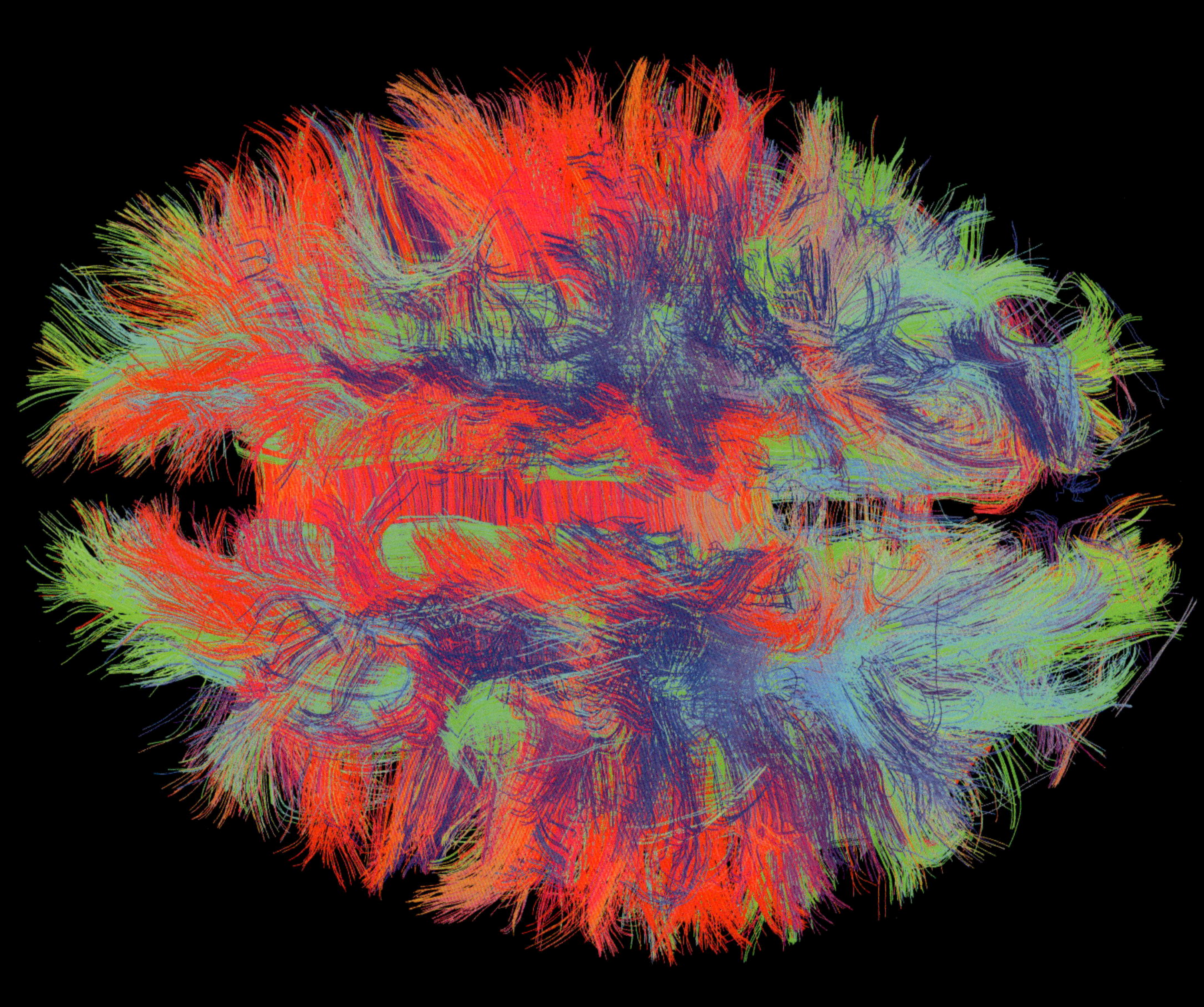

White matter pathways in the brain (dti), which are essential for communication between brain regions

Dyscalculie: kortsluiting in het brein

> Leren rekenen is een netwerkproces waarbij verschillende met elkaar verbonden hersengebieden samenwerken.

De wittestofbanen in het brein kunnen vastgelegd worden met een MRI-scanner en worden dankzij de techniek Diffusion Tensor Imaging (DTI) zichtbaar. Deze wittestofbanen zijn essentieel voor efficiënte communicatie tussen hersengebieden en ondersteunen het leren van kinderen op school.

Het onderzoek richt zich op hoe rekenvaardigheden zich ontwikkelen en waarom sommige kinderen moeite hebben met leren rekenen, zoals bij dyscalculie. Dyscalculie is een hardnekkige leerstoornis waarbij kinderen ondanks intensieve begeleiding blijvend rekenproblemen ervaren. Door wittestofbanen, hersenstructuren en -activiteit tijdens het rekenen bij kinderen te bestuderen, proberen onderzoekers neurocognitieve factoren te ontdekken die een rol spelen bij dit probleem.

Hoewel technologieën zoals MRI en DTI steeds meer inzicht bieden in het kinderbrein, is een diagnose van dyscalculie op basis van een hersenscan (nog) niet mogelijk. Wel groeit de hoop dat een beter begrip van leerprocessen leidt tot effectievere onderwijs- en ondersteuningsstrategieën.

Een belangrijke hypothese is dat de wittestofbanen en hersenactiviteit in gebieden voor getallenverwerking minder goed ontwikkeld zijn bij kinderen met dyscalculie. Het besef dat leren rekenen een netwerkproces is waarbij verschillende met elkaar verbonden hersengebieden samenwerken, kan niet alleen helpen bij gerichtere interventies, maar ook bij het beter begrijpen van andere leerstoornissen.

Dyscalculia: a short circuit in the brain

WHITE MATTER PATHWAYS IN THE BRAIN can be detected by an MRI scanner and made visible using the Diffusion Tensor Imaging (DTI) technique. These white matter pathways are essential for efficient communication between different brain regions and they support children's learning at school.

The study focuses on how maths skills develop and why some children, like those with dyscalculia, struggle to learn maths. Dyscalculia is a persistent learning disorder in which children have lasting difficulty with arithmetic, despite intensive counselling. By studying the white matter pathways, brain structures and activities of children when they are doing arithmetic, researchers are trying to discover neurocognitive factors that play a part in this problem.

Although technologies like MRI and DTI offer increasing insights into the child's brain, a diagnosis of dyscalculia from a brain scan is not (yet) possible. However, there are increasing hopes that understanding learning processes better will lead to more effective teaching and support strategies.

One key hypothesis is that white matter pathways and brain activity in number processing areas are less well developed in children with dyscalculia. The realisation that learning arithmetic is a network process in which different interconnected brain regions work together can not only help to design more targeted interventions, but also to gain a better understanding of other learning disabilities.

Learning arithmetic is a network process in which different interconnected brain regions work together.

Het Morris Water Maze, een waterdoolhof, test het ruimtelijk leervermogen en geheugen van knaagdieren.

The Morris Water Maze tests the spatial learning ability and memory of rodents.

De Dwaaltuin, een groen doolhof aan Arenbergkasteel te Leuven.

Dwaaltuin, a garden maze at Arenberg Castle in Leuven.

Dwaaltuinen en doolhoven

Wanneer muizen een doolhof leren oplossen, ontstaan er nieuwe verbindingen in hun hersenen.

Het Leuvense Arenbergkasteel heeft een nieuwe dwaaltuin. De dwaaltuinen van oude kastelen vormden de eerste inspiratie voor het gebruik van doolhoven in onderzoekslaboratoria, meer dan honderd jaar geleden. Het waterdoolhof, dat we nu kennen als de Morris Water Maze, is bedoeld om ruimtelijk leren en geheugen te onderzoeken bij laboratoriumknaagdieren. Het is een van de meest gebruikte laboratoriuminstrumenten in de gedragsneurowetenschappen.

Wanneer muizen een doolhof leren oplossen, ontstaan er nieuwe verbindingen in hun hersenen. Bij mensen werkt dat op dezelfde manier. Wanneer mensen en dieren aan een hersenziekte lijden, is dit vaak niet meer mogelijk en treden er problemen op in het leervermogen.

Ruimtelijk leren vereist de gecoördineerde werking van hogere hersengebieden en neurotransmittersystemen die samen een functioneel geïntegreerd neuraal netwerk vormen. Het oplossen van een waterdoolhof hangt af van hersengebieden zoals de hippocampus en de frontale hersenschors. Bij muizen en ratten, net als bij mensen, zijn deze hogere hersengebieden bijzonder gevoelig voor hersenziekten.

Onderzoek met behulp van doolhoven heeft belangrijke inzichten opgeleverd in de oorzaken van en mogelijke behandelingen voor hersenaandoeningen. Dankzij de vele toepassingen hebben doolhoven een centrale positie verworven in het hedendaagse neurowetenschappelijke onderzoek.

Wandering gardens and mazes

When mice learn to solve a maze, new connections are created in their brains.

Leuven's Arenberg Castle has a new wandering garden. The wandering gardens of ancient castles were the initial inspiration for the mazes used in research laboratories more than a hundred years ago. The water maze, now known as the Morris Water Maze, was designed to investigate spatial learning and memory in laboratory rodents. It is one of the most widely used laboratory tools in behavioural neuroscience.

When mice learn to solve a maze, new connections are created in their brains. The same thing happens in humans. When people and animals suffer from brain diseases, they often can no longer do this and problems develop with their ability to learn.

Spatial learning requires the coordinated functioning of higher brain regions and neurotransmitter systems that together form a functionally integrated neural network. Solving a water maze depends on brain regions such as the hippocampus and the frontal cerebral cortex. In mice and rats, as in humans, these higher brain regions are particularly prone to brain diseases.

Research using mazes has provided important insights into the causes of brain disorders and possible treatments. Thanks to their many applications, mazes now have a key position in contemporary neuroscience research.

De danser: een enkele muis-astrocyt op kweek.

The dancer: a single mouse astrocyte in culture.

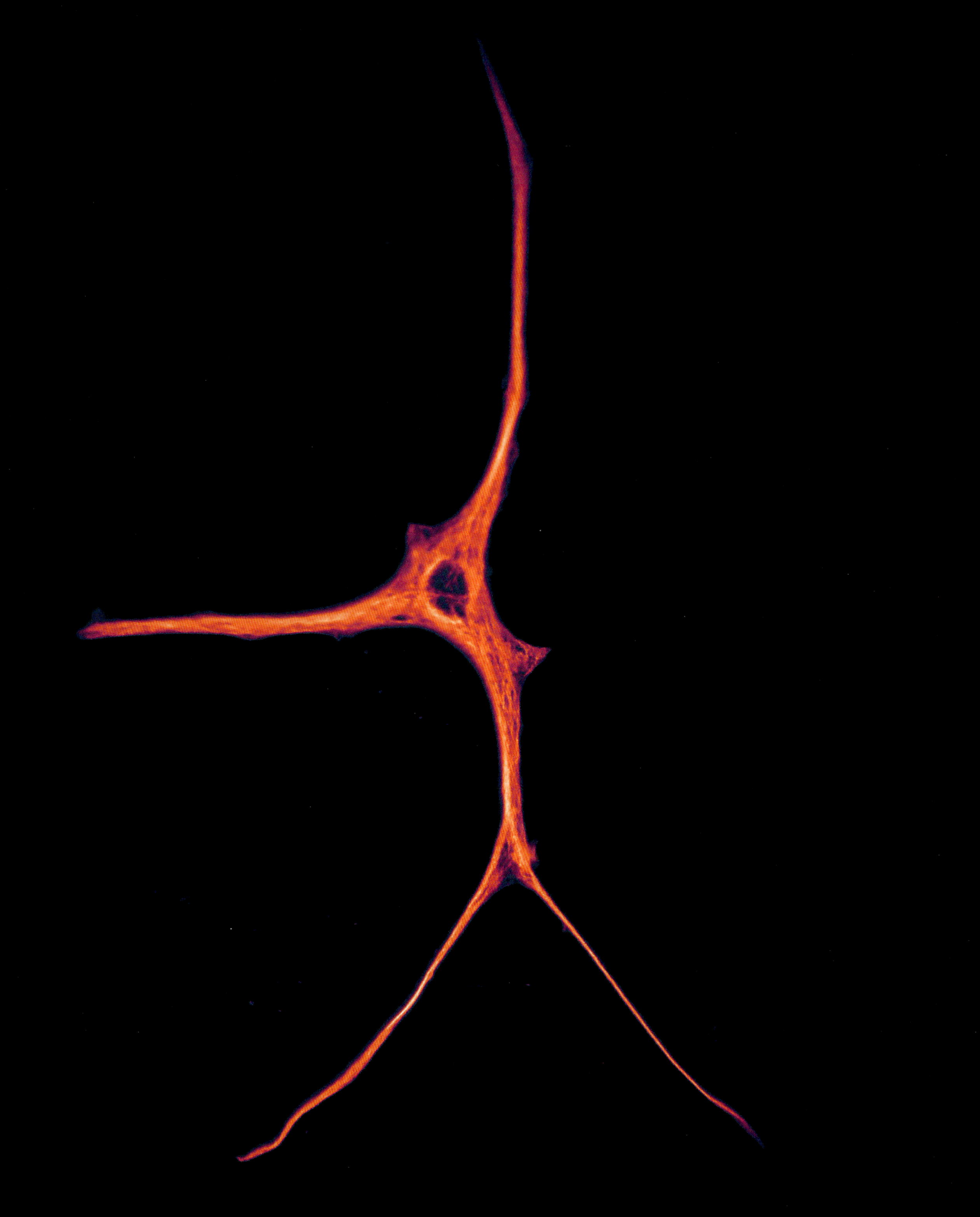

Waar brein en muziek elkaar raken

De la musique avant toute chose. Het begin van een dichtregel van Paul Verlaine, en één die blijft hangen. Want waar zouden we zijn zonder het wondere universum van muziek? Al sinds het begin van de mensheid is muziek een krachtige uitlaatklep voor het verwerken van je emoties. Niet verwonderlijk dus dat zelf muziek maken voor patiënten met een ernstige psychische aandoening de sleutel kan zijn om uit hun isolement te breken.

Muziek kan patiënten met een psychische problematiek helpen om opnieuw contact te maken met zichzelf en anderen, op een manier die minder bedreigend voelt dan een gewoon gesprek. De bijzondere kracht van muziek is dat ze inwerkt op een niveau waar taal tekortschiet: in een klassiek gesprek kan iemand zich verbergen achter woorden of een bepaald gedrag, maar op het muzikaal-emotionele niveau is het bijna onmogelijk om iets te camoufleren.

Uit onderzoek blijkt dat de manier waarop iemand het ritme van de ander aanvoelt en erop reageert, veel vertelt over zijn emotionele toestand en de hechtingsstijl: ben je eerder vermijdend in het contact, of angstig, of is het toch mogelijk om iemand dichtbij te laten komen? Zo kan een muziektherapeut inschatten welke aanpak iemand nodig heeft. En waar de persoon met psychische problemen op dat moment nood aan heeft.

De manier waarop iemand het ritme van de ander aanvoelt en erop reageert, vertelt veel over zijn emotionele toestand en de hechtingsstijl.

Dankzij hyperscanning – een techniek waarbij hersenactiviteit van twee mensen gelijktijdig wordt gemeten – kunnen we zelfs voor het eerst zien hoe breinen samen bewegen in therapie. Muziektherapeuten herkennen al jaren deze betekenisvolle momenten op gevoel. Nu krijgen we daar eindelijk ook neurowetenschappelijke aanwijzingen voor.

Wat daar gebeurt is meer dan wetenschap. Het is een intuïtieve waarheid die langzaam in kaart gebracht wordt: muziek verbindt, zelfs op het niveau van het brein. Wat we al voelden, beginnen we nu te zien. En dat opent een hele nieuwe wereld van mogelijkheden.

Where brain and music meet

De la musique avant toute chose. So begins a stanza by the poet Paul Verlaine, and it lingers in the memory. After all, where would we be without the wonderful world of music? Since the dawn of humanity, music has been a powerful outlet for processing emotions. It is therefore not surprising that making music can be the key that enables patients with a serious mental illness to break out of their isolation.

Music can help patients with mental health issues to restore contact with themselves and others in a way that feels less threatening than a normal conversation. The special power of music is that it works on a level where language falls short: in a conventional conversation we can hide behind words or certain forms of behaviour, but on the musical-emotional level it is almost impossible to camouflage anything.

Research shows that the way someone senses and responds to another person's rhythm says a great deal about their emotional state and attachment style: do they tend to be avoidant in contact, or anxious, or is it in fact possible for them to let someone get close? In this way, a music therapist can assess what approach someone needs – and what a person with mental health issues needs at that moment.

> The way someone senses and responds to another person's rhythm says a great deal about their emotional state and attachment style.

Using hyperscanning – a technique in which the brain activity of two people is measured simultaneously – we can even see for the first time how brains move together in therapy. Music therapists have sensed these meaningful moments for years; now we are finally obtaining neuroscientific evidence for them as well.

What is happening here is more than science. It is an intuitive truth that is slowly being mapped out: music connects, even at the level of the brain. We are now beginning to see what we already sensed. And that opens up a whole new world of possibilities.

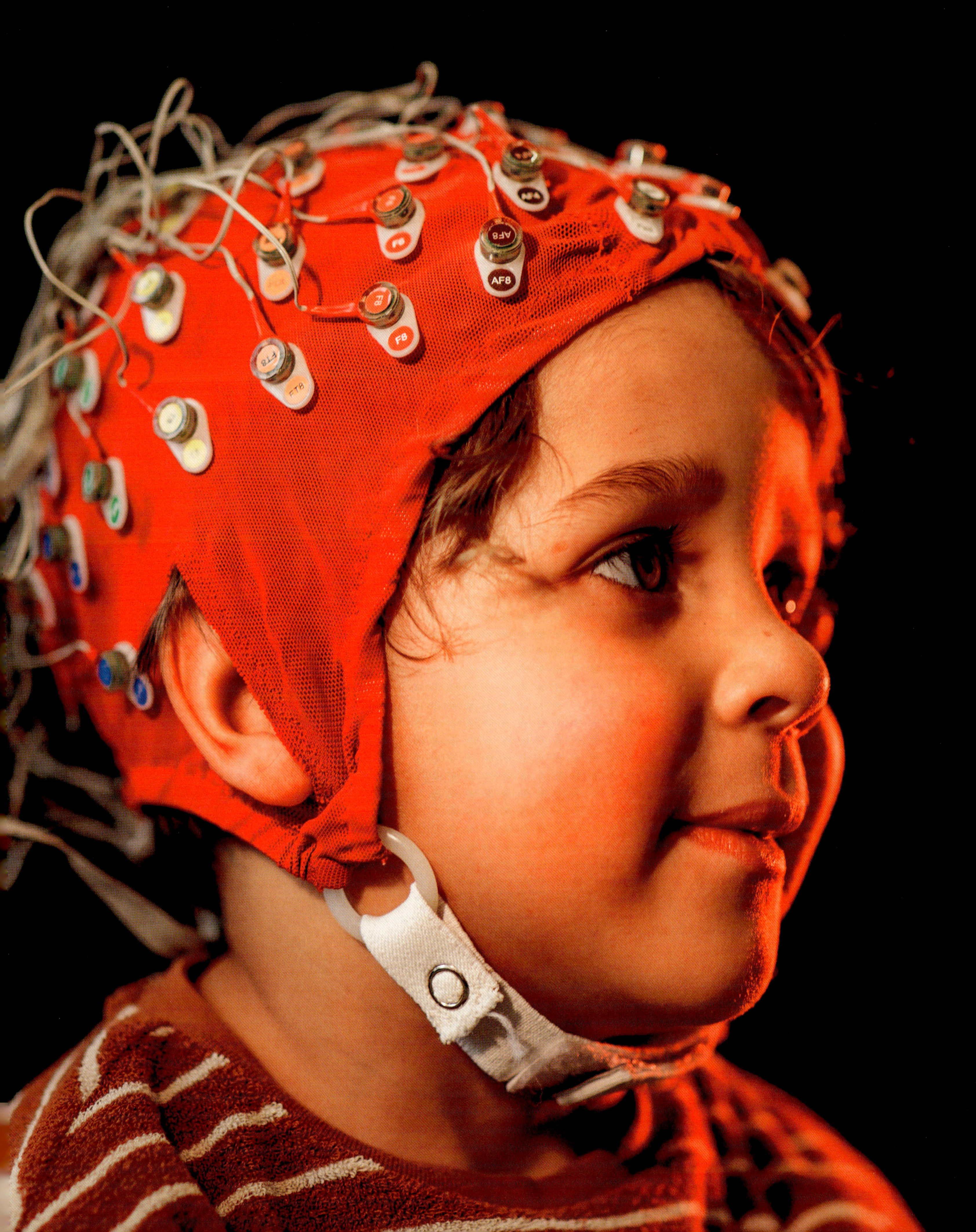
AF8
F8
FT8

EEG-METINGEN BIJ JONGE KINDEREN laten zien hoe het brein op klanken en taal reageert, om dyslexie vroeg te voorspellen.

EEG MEASUREMENTS IN YOUNG CHILDREN show how the brain responds to sounds and language to predict dyslexia early.

Dyslexie vroegtijdig opsporen

> De onderliggende oorzaken van dyslexie zijn al vroeg in de hersenen aanwezig.

Een jong kind met een eeg (elektro-encefalogram)-hoofdkap, een muts met elektroden die hersenactiviteit meten. De elektroden registreren de elektrische signalen in de hersenen terwijl het kind naar klanken en verhalen luistert. Het brein reageert hierop met specifieke patronen, die worden vastgelegd en geanalyseerd. Door deze reacties te vergelijken tussen kinderen met en zonder een risico op dyslexie, kunnen onderzoekers subtiele verschillen ontdekken. Dit onderzoek helpt wetenschappers om te begrijpen hoe de hersenen reageren op taal en klanken, nog voordat een kind leert lezen.

Dyslexie is een leerstoornis waarbij lezen en schrijven moeilijk blijft, ondanks een normale intelligentie en goed onderwijs. Momenteel is er pas een officiële diagnose na jaren van leesproblemen, maar de onderliggende oorzaken zijn al veel eerder in de hersenen aanwezig. Hoe vroeger onderzoekers dyslexie kunnen voorspellen, hoe eerder een kind extra ondersteuning kan krijgen en hoe beter het brein zich kan aanpassen.

Als we beter begrijpen hoe de hersenen van jonge kinderen taal verwerken, kunnen we vroegtijdige interventies ontwikkelen, zoals gepersonaliseerde oefeningen of taalspelletjes op tablets. Dit kan helpen om leesproblemen te verminderen voordat ze een achterstand veroorzaken. Dankzij eeg en hersenonderzoek kunnen wetenschappers de ontwikkeling van taal en lezen beter begrijpen en op maat gemaakte oplossingen bieden. Dit geeft kinderen de kans om op tijd de juiste ondersteuning te krijgen en met vertrouwen te leren lezen.

Early detection of dyslexia

A YOUNG CHILD WEARING AN EEG (electroencephalogram) helmet, a cap containing electrodes that measure brain activity. The electrodes record electrical signals in the brain as the child listens to sounds and stories. The brain responds with specific patterns, which are recorded and analysed. By comparing these responses between children with and without a risk of dyslexia, researchers can detect subtle differences. This study is helping scientists to understand how the brain responds to language and sounds even before a child learns to read.

> The underlying causes of dyslexia are already present in the brain at an early stage.

Dyslexia is a learning disability in which reading and writing remain difficult despite normal intelligence and good education. Currently, an official diagnosis is only made after years of difficulty reading, but the underlying causes are present in the brain much earlier. The earlier researchers can predict dyslexia, the earlier a child can get extra support and the better the brain can adapt.

If we can understand better how the brains of young children process language, we can develop early interventions such as personalised exercises or language games on tablets. This can help to reduce reading difficulties before they give rise to any delay. Thanks to EEG and brain research, scientists can gain a better understanding of how language and reading develop and provide tailored solutions. That will give children the chance to get the right support in time and learn to read confidently.

Hersengebieden met sterke reactie op het zien van gezichten (rood), handen (oranje), andere lichaamsdelen (blauw), gebouwen (groen), en woorden (paars).

Brain regions that react strongly when seeing faces (red), hands (orange), other body parts (blue), buildings (green), and words (purple).

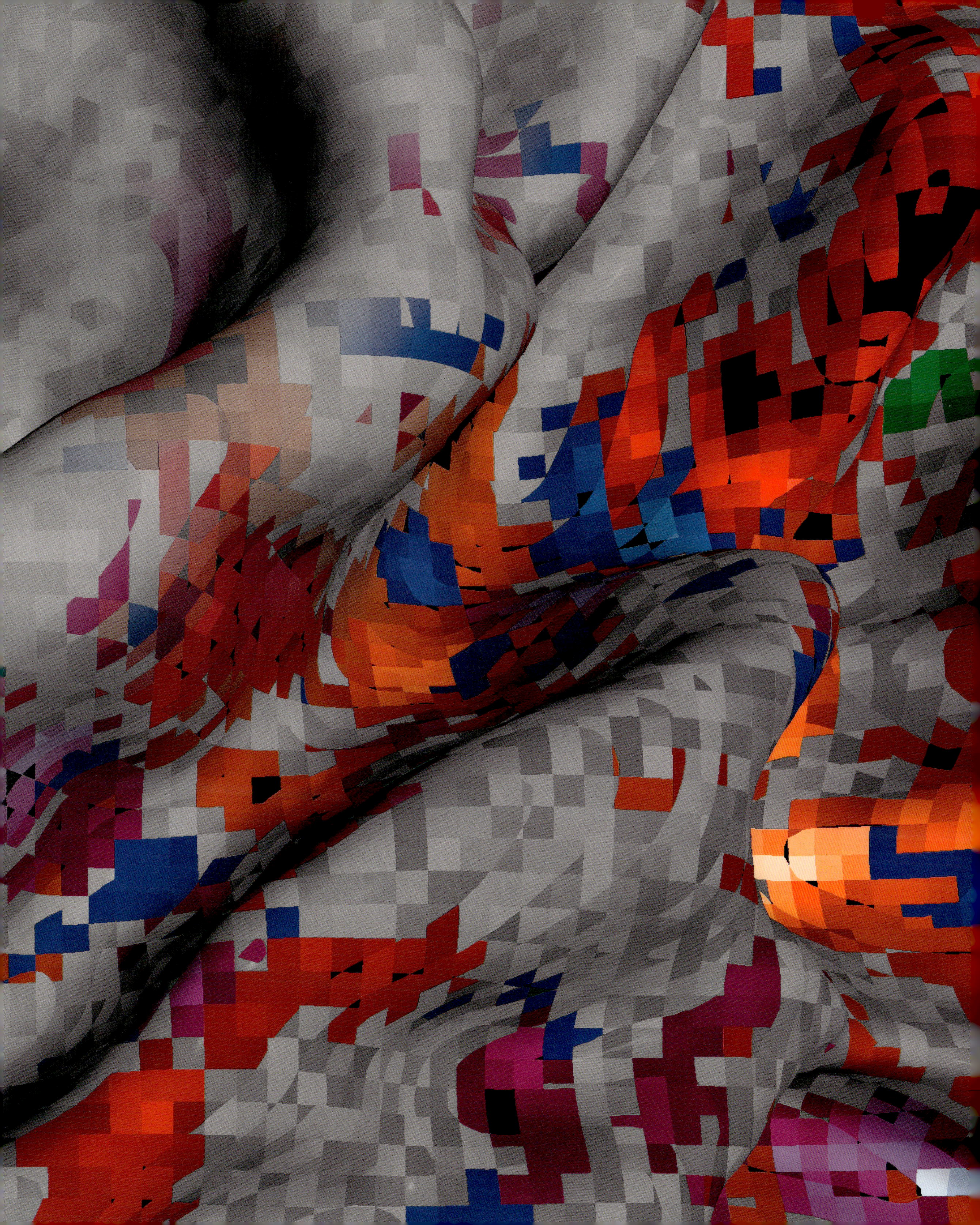

Gezichtsherkenning in het brein

Door de organisatieprincipes
van de hersenen
beter te begrijpen,
kunnen onderzoekers voorspellen
welke symptomen
kunnen optreden
bij bepaalde letsels.

Mensen verschillen in hoe goed ze zijn in het herkennen van gezichten. Sommigen herkennen iemand meteen op straat, ook al was een eerdere ontmoeting lang geleden en kort. Anderen hebben hier grote moeite mee. Bij 2% van de bevolking gaat dit zo slecht dat dit onvermogen een naam krijgt: prosopagnosie. Opmerkelijk genoeg houdt dit talent of de afwezigheid ervan meestal geen verband met andere vaardigheden. Iemand kan extreem slecht zijn in het herkennen van gezichten, maar ondertussen een krak in andere visuele taken zoals lezen of het herkennen van het laatste model BMW.

De verklaring ligt in de organisatie van onze hersenen. Uit hersenscans bij gezonde vrijwilligers blijkt dat er in het brein meerdere kleine gebieden zijn die we 'gezichtsselectief' noemen: ze reageren veel sterker op het zien van gezichten dan wanneer andere zaken getoond worden.

De afbeelding illustreert deze organisatie in de hersenen zoals gemeten met een krachtige MRI-scanner. Gezichtsselectieve gebieden zijn hier in het rood gekleurd. Er zijn ook gebieden met een andere selectiviteit, zoals voor handen (oranje), voor andere lichaamsdelen (blauw), voor gebouwen (groen), en voor woorden (paars). Op deze manier geven moderne beeldvormingstechnieken inzicht in de relatie tussen specifieke hersengebieden en visuele categorieën, wat cruciaal is voor het begrijpen van hersenpathologieën.

Patiënten met hersenbeschadiging, zoals beroertes of neurodegeneratie, kunnen specifieke symptomen vertonen, waaronder prosopagnosie, afhankelijk van welke gebieden getroffen zijn. Door de organisatieprincipes van de hersenen beter te begrijpen, kunnen onderzoekers voorspellen welke symptomen kunnen optreden bij bepaalde letsels. Bijvoorbeeld, een patiënt bij wie een nabijgelegen rode (gezichtsselectieve) en oranje (handselectieve) regio beschadigd zijn, kan problemen ondervinden met de herkenning van zowel gezichten als handgebaren. Dit onderzoek biedt dus niet alleen fundamentele kennis over het menselijk brein, maar ook concrete klinische inzichten.

A better understanding of the organisational principles of the brain allows researchers to predict which symptoms might occur as a result of specific injuries.

Facial recognition in the brain

People have differing skills when it comes to recognising faces. Some people will recognise a person in the street immediately, even if they only met them briefly a long time ago. Others find this very difficult. For 2% of the population, doing this is so difficult that the inability has a name: prosopagnosia. Strangely enough, this ability or its absence is usually unrelated to their other skills. A person may be extremely bad at recognising faces, but still excellent at other visual tasks such as reading or recognising the latest BMW model.

The explanation can be found in the way our brains are organised. Brain scans in healthy volunteers show that there are several small areas in the brain that we call 'face-selective': they react much more strongly when a subject sees faces than when they are shown other things.

The image illustrates the way this is organised in the brain as measured using a powerful MRI scanner. The face-selective areas are coloured red here. There are also areas with different types of selectivity, for example for hands (orange), other body parts (blue), buildings (green), and words (purple). In this way, modern imaging techniques provide insights into the relationship between specific areas of the brain and visual categories, which is crucial for understanding diseases that affect the brain.

Patients with brain damage, for example due to a stroke or neurodegenerative disorder, may show specific symptoms, including prosopagnosia, depending on the areas affected. A better understanding of the organisational principles of the brain allows researchers to predict which symptoms might occur as a result of specific injuries. For example, a patient whose adjacent red (face-selective) and orange (hand-selective) regions have been damaged may have problems recognising both faces and hand gestures. This research therefore not only provides fundamental knowledge about the human brain, but offers specific clinical insights as well.

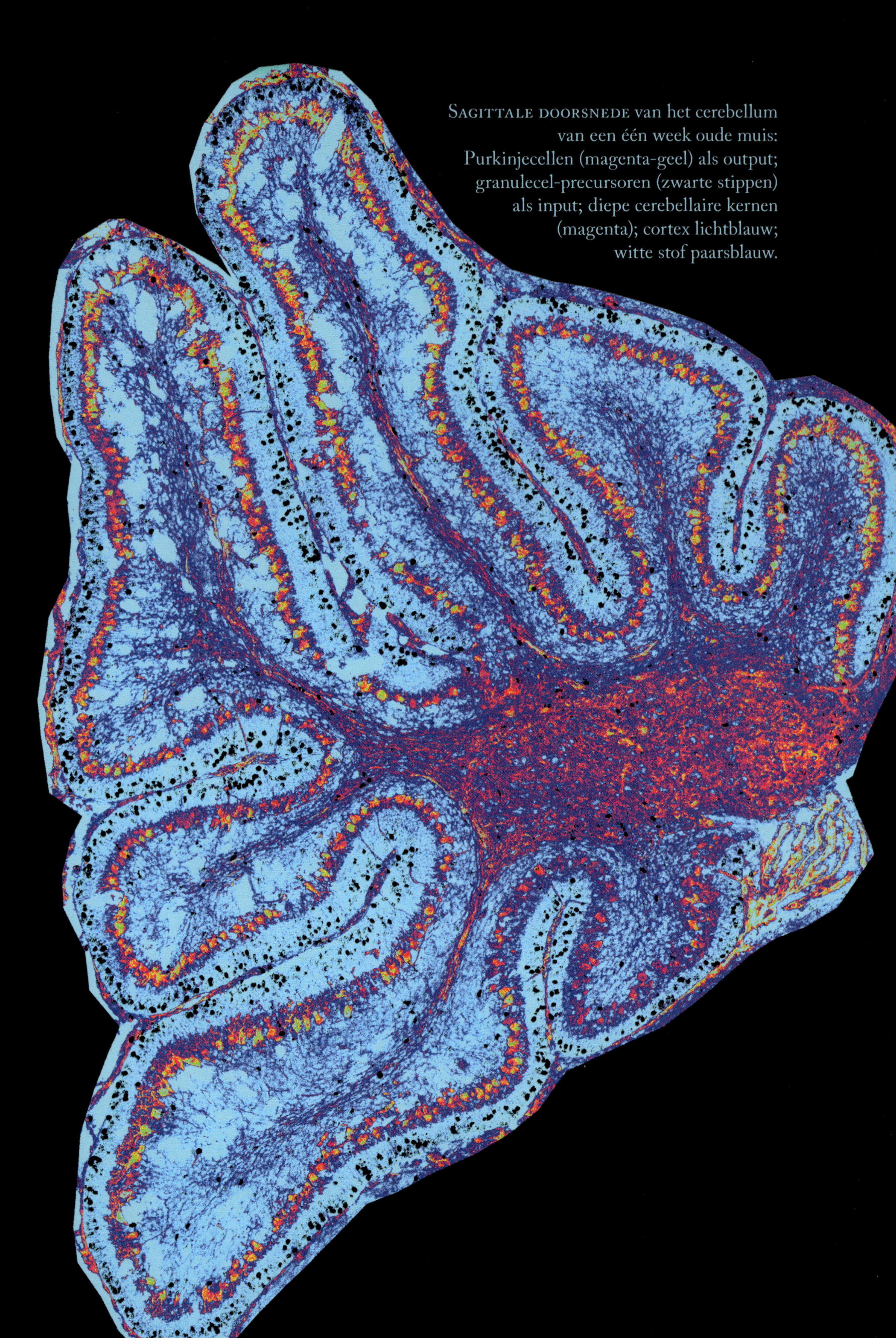

Sagittale doorsnede van het cerebellum van een één week oude muis: Purkinjecellen (magenta-geel) als output; granulecel-precursoren (zwarte stippen) als input; diepe cerebellaire kernen (magenta); cortex lichtblauw; witte stof paarsblauw.

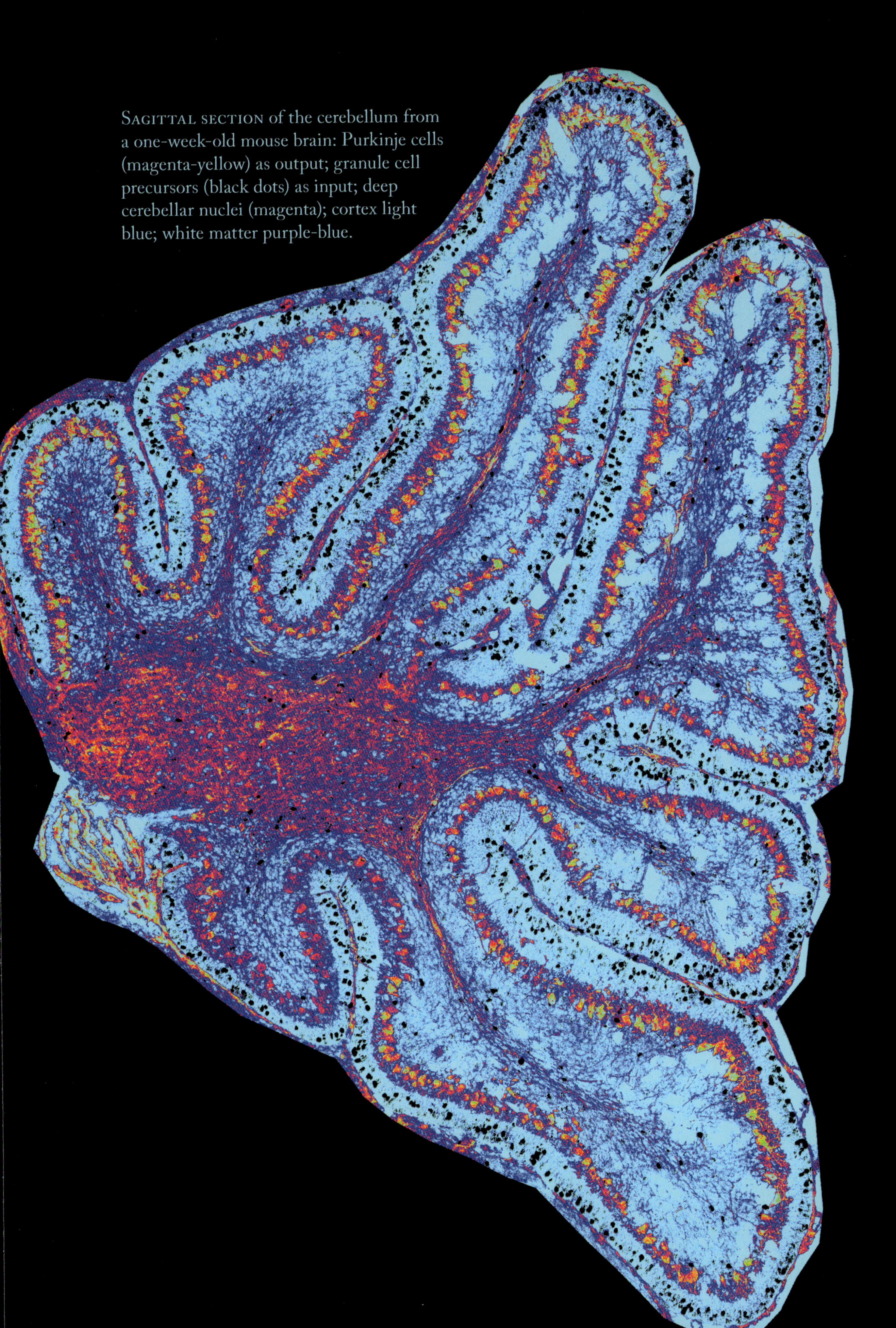

Sagittal section of the cerebellum from a one-week-old mouse brain: Purkinje cells (magenta-yellow) as output; granule cell precursors (black dots) as input; deep cerebellar nuclei (magenta); cortex light blue; white matter purple-blue.

Leuven Brain Institute

Het Leuven Brain Institute werd in 2019 opgericht en verenigt het hersenonderzoek aan KU Leuven, UZ Leuven en UPC KU Leuven. Honderdvijftig proffen en meer dan vijfhonderd zeer gedreven onderzoekers – waaronder artsen, ingenieurs, biologen en psychologen – bundelen hun krachten om de werking van het brein te doorgronden en oplossingen te vinden voor ziektes zoals alzheimer, parkinson, beroerte, epilepsie, depressie, psychose, enzovoort. *Breinwonder* is gegroeid uit hun gedeelde kennis, passie en nieuwsgierigheid.

The Leuven Brain Institute was founded in 2019 and brings together brain research at KU Leuven, UZ Leuven, and UPC KU Leuven. One hundred and fifty professors and more than five hundred highly dedicated researchers – including physicians, engineers, biologists, and psychologists – join forces to understand how the brain works and to find solutions for diseases such as Alzheimer's, Parkinson's, stroke, epilepsy, depression, psychosis, and more. *Wonder Brain* grew out of their shared knowledge, passion, and curiosity.

Adrian Ranga
Aernout Luttun
Agnes Moors
Alan Urban
Alice Nieuwboer
An Goris
Andreas von Leupoldt
Astrid van Wieringen
Aya Takeoka
Bart Boets
Bart De Moor
Bart De Strooper
Bart Depreitere
Bart Nuttin
Batja Gomes de Mesquita
Bea Van den Bergh
Bénédicte Dubois
Bert De Smedt
Bert Reynvoet
Bob Puers
Bram Vervliet
Céline Gillebert
Chris Bervoets
Daan Christiaens
Daniëlle Copmans
Dante Mantini
Davy Vancampfort
Dietmar Thal
Dries Braeken
Ellen Rombouts
Els Henckaerts
Elske Vrieze
Erik Thys
Esther Klingler
Eva Van den Bussche
Eve Seuntjens
Filip Bouckaert
Filip Raes
François-Laurent De Winter
Frans Schuit
Frederic Rousseau
Geert Verheyden
Genevieve Albouy
Greetje Vande Velde
Gunnar Naulaers
Guy Bormans
Guy Bosmans
Hans Op de Beeck
Hilde Van Esch
Ilse Noens
Ilse Van Diest
Inez Germeys
Inge Zink
Ingeborg Stalmans
Isabel Beets
Isabelle Cleynen
Jan Seghers
Jan Van den Stock
Jan Wouters
Jannique van Uffelen
Jean Steyaert
Jean-Jacques Orban de Xivry
Jelle Demeestere
Jessie Dezutter
Johan Wagemans
Jolien Gooijers
Joost Schymkowitz
Joris de Wit
Joris Winderickx
Jos De Backer

Jos Tournoy
Kaat Alaerts
Karl Farrow
Katrien Foubert
Kobe Desender
Koen Cuypers
Koen Demyttenaere
Koen Nelissen
Koen Poesen
Koen Van Laere
Kristl Claeys
Kristof Vansteelandt
Lidia Yshii
Lies De Groef
Lieve Moons
Lieven Lagae
Lode Godderis
Luc Van Gool
Lucia Chavez Gutierrez
Ludo Van Den Bosch
Lukas Van Oudenhove
Lut Arckens
Lynette Lim
Maaike Vandermosten
Maarten De Vos

Maarten Dewilde
Maarten Lambrecht
Maarten
Van Den Bossche
Marc De Hert
Marc Van Hulle
Marie-Francine Moens
Marina Danckaerts
Markus Wöhr
Mathieu Vandenbulcke
Moran Gilat
Myles Mc Laughlin
Nicolas Verhaert
Olivia Kirtley
Pascal Sienaert
Patrick Devlieger
Patrick Dupont
Patrik Verstreken
Pedro Fardim
Pedro Pintado Jorge
Gonçalves
Peter Janssen
Peter Kuppens
Peter Vangheluwe
Peter Verhaert

Philip Van Damme
Pierre Vanderhaeghen
Pieter Vanden Berghe
Pol Ghesquière
Ralf Krampe
Rik Vandenberghe
Robin Lemmens
Roger Vergauwen
Ronny Bruffaerts
Rudi D'Hooge
Rufin Vogels
Ruud van Winkel
Sabine Deprez
Sandrine Da Cruz
Saskia Van der Oord
Sebastian Haesler
Sebastian Munck
Sha Liu
Simon De Meyer
Stefan Sunaert
Stein Aerts
Stephan Claes
Stephan Swinnen
Stephanie Humblet
Steven De Vleeschouwer

Thomas Voets
Tom Beckers
Tom Francart
Tom Theys
Tomas Norton
Toon de Beukelaar
Uwe Himmelreich
Veerle Baekelandt
Veerle Janssens
Vera Hoorens
Vincent Bonin
Werner Helsen
Wim Annaert
Wim Robberecht
Wim Van Paesschen
Wim Vandenberghe
Wim Vanduffel
Wouter Peelaerts

Drosophila-individuen vertonen verschillen in de structuur van hun neurale circuits, die aanleiding geven tot gedragsmatige individualiteit. Deze verschillen zijn het gevolg van de willekeurige aard van de hersenontwikkeling. (Confocale beeldvorming van Drosophila-visuele neuronen)

Drosophila individuals exhibit differences in the structure of their neural circuits, which give rise to behavioural individuality. These differences are due to the random nature of brain development. (Confocal imaging of Drosophila visual neurons)

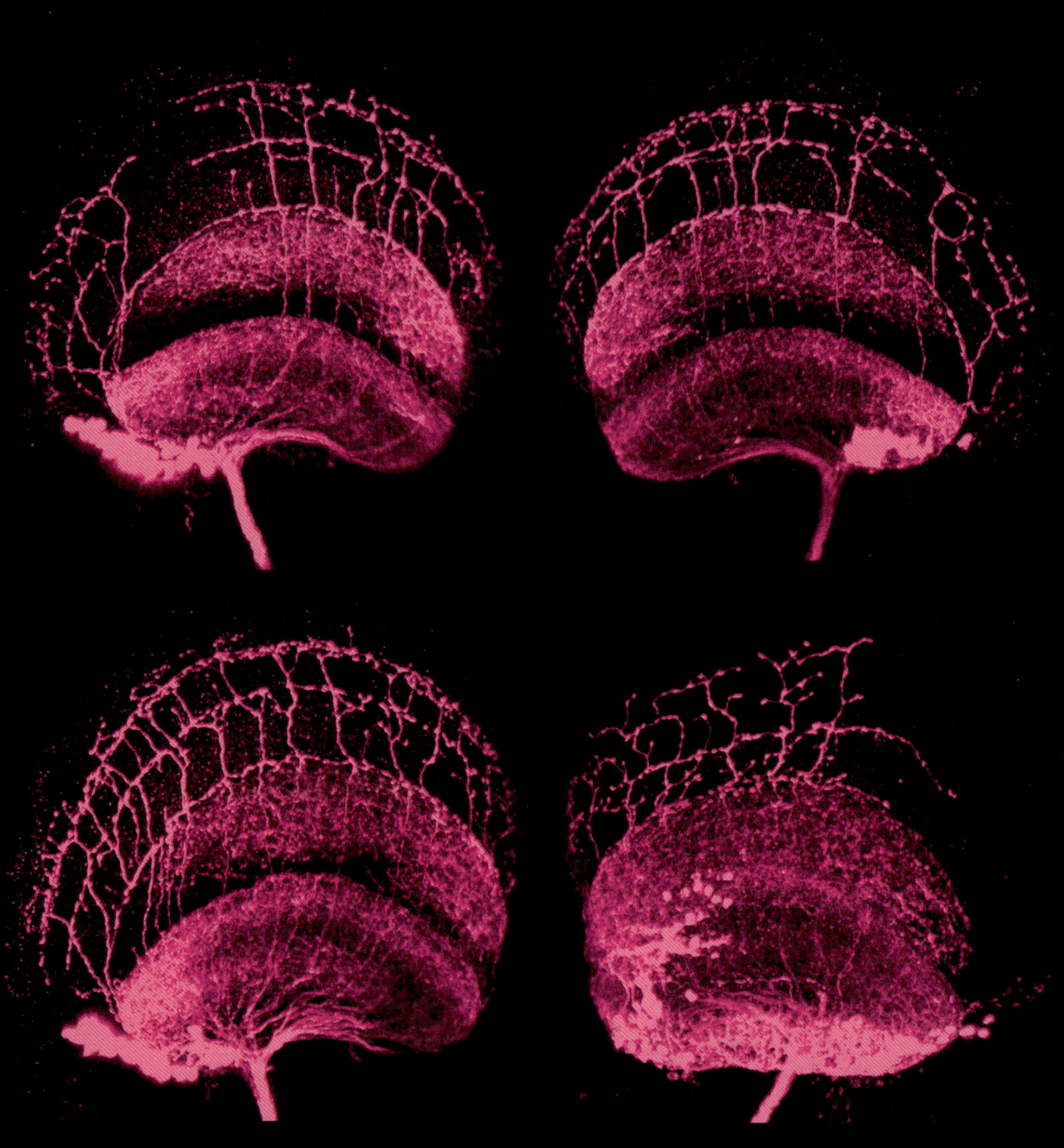

Credits en verantwoording / Credits and acknowledgements

Geïnterviewde onderzoekers / Interviewed researchers

De teksten in deze publicatie zijn tot stand gekomen op basis van gesprekken met de onderstaande onderzoekers. Hun wetenschappelijke expertise en persoonlijke inzichten vormen de inhoudelijke basis van de bijdragen in dit boek.

The texts in this publication are based on conversations with the researchers listed below. Their scientific expertise and personal insights form the substantive foundation of the contributions in this book.

Hoe Vesalius kunst en wetenschap verbond / How Vesalius brought together art and science
– An Smets, Conservator Bijzondere Collecties, KU Leuven Bibliotheken / Curator of Special Collections, KU Leuven Libraries
Wittestofbanen / White Matter Atlas
– Louise Emsell, Translational MRI & Neuropsychiatry, KU Leuven
Kunst of biologie? Een fruitvliegenbrein in 3D / Art or biology? A fruit fly brain in 3D
– Nikky Corthout (Molecular Neurobiology, KU Leuven) & Miranda Dyson (Laboratory of Sleep and Synaptic Plasticity, KU Leuven)
De magneet ontbloot het brein: MRI / The magnet that exposes the brain: MRI
– Stefan Sunaert, Radiology, KU Leuven
$E=mc^2$ in het brein: nucleaire beeldvorming / $E=mc^2$ in the brain: nuclear imaging
– Koen Van Laere, Nuclear Medicine & Molecular Imaging, KU Leuven
Horen en het brein / Hearing and the brain
– Nicolas Verhaert & Lore Kerkhofs, Research Group Experimental Oto-rhino-laryngology, KU Leuven
Het oog als venster op het brein / The eye as a window into the brain
– Ingeborg Stalmans, Research Group Ophthalmology, KU Leuven
Rivieren van het brein / Rivers in the brain
– Robin Lemmens, Laboratory of Neurobiology, KU Leuven
Kleur bekennen in het muizenbrein / Recognising colour in the mouse brain
– Thierry Voet, Human Genetics, KU Leuven
Hoe een vissenbrein en AI ons helpen het menselijk brein te begrijpen / How a fish brain and AI are helping us to understand the human brain
– Camiel Mannens & Stein Aerts, Computational Biology Laboratory, KU Leuven
Het brein op een presenteerblaadje / The brain on a silver petri platter
– Pierre Vanderhaeghen, Stem cell and developmental, KU Leuven
De bits en bytes van de hersenen / The brain's bit and bytes
– Lynette Lim, Center for Brain & Disease Research, KU Leuven
Ontwikkeling van het brein van octopussen / Octopus brain development
– Eve Seuntjens, Developmental Neurobiology, KU Leuven
Een menselijke interactie in een muizenbrein / A human dialogue inside a mouse brain
– Giulia Albertini, Laboratory for the Research of Neurodegenerative Diseases, KU Leuven
De verborgen structuren van het brein: een blik op de celmembraan / The hidden structures of the brain: a look at the cell membrane
– Ludo Van Den Bosch & Philip Van Damme, Laboratory of Neurobiology, KU Leuven
Het elektrische brein: interacties met elektroden / The electrical brain: interactions with electrodes
– Sebastian Haesler, NERF - Sebastian Haesler's lab, KU Leuven

Het brein in virtual reality / The brain in virtual reality
– Peter Janssen, Laboratory for Neuro- en Psychophysiology, KU Leuven
Brain-on-a-chip effent de weg naar een gepersonaliseerde behandeling van parkinson / Brain-on-a-chip paves the way for a personalised treatment for Parkinson's disease
– Patrik Verstreken, Molecular Neurobiology, VIB-KU Leuven Center for Brain & Disease Research
De microkosmos onder de microscoop: anatoompathologie / The microcosm under the microscope: anatomical pathology
– Dietmar Thal, Experimental Neurology - Laboratory for Neuropathology, KU Leuven
Broze, bruisende breinen / The fragility of a creative brain
– Erik Thys, Psychiatry, UPC KU Leuven
Tussen muis en mens / Between mouse and human
– Bart De Strooper, Laboratory for the Research of Neurodegenerative Diseases, KU Leuven
Het plastische brein: hoe onze hersenen zich blijven aanpassen / The plastic brain: how our brains keep adapting
– Lut Arckens, Neuroplasticity and Neuroproteomics, KU Leuven
Parkinson: ingenieus knip- en plakwerk / Parkinson's disease: clever cutting and pasting
– Patrik Verstreken, Molecular Neurobiology, VIB-KU Leuven Center for Brain & Disease Research, KU Leuven
De kleur van een beroerte / The colour of a stroke
– Simon De Meyer, Cardiovascular Sciences, KU Leuven – Kulak Kortrijk Campus
Het verschil tussen depressie en dementie in beeld / Visualising the difference between depression and dementia
– Mathieu Vandenbulcke, Geriatric psychiatry & Neuropsychiatry, KU Leuven
Een mini-vissenbrein met menselijke hersencellen / A mini fish brain with human brain cells
– Lieven Lagae, Child Neurology, KU Leuven
Een kleurrijke kaart van slaap in de hersenen / A colourful map of sleep in the brain
– Sha Liu, Laboratory of Sleep and Synaptic Plasticity, KU Leuven
Lichtgevoelig: psychiaters, patiënten, portretten / Photosensitive: psychiatrists, patients, portraits
– Pascal Sienaert, Psychiatry and Psychotherapy, UPC KU Leuven
Kunst en het brein / Art and the brain
– Johan Wagemans, Brain & Cognition, KU Leuven
Dyscalculie: kortsluiting in het brein / Dyscalculia: a short circuit in the brain
– Bert De Smedt, Parenting and Special Needs Education, KU Leuven
Dwaaltuinen en doolhoven / Wandering gardens and mazes
– Rudi D'Hooge, Biological Psychology, KU Leuven
Waar brein en muziek elkaar raken / Where brain and music meet[4]
– Katrien Foubert, UPC KU Leuven
Dyslexie vroegtijdig opsporen / Early detection of dyslexia
– Maaike Vandermosten, Research Group Experimental Oto-rhino-laryngology, KU Leuven
Gezichtsherkenning in het brein / Facial recognition in the brain
– Hans Op de Beeck, Brain & Cognition, KU Leuven

Beeldverantwoording / Image credits

Coverbeeld / cover image & p. 8: Human Deep Brain (2023). © Ignacio Saez, Icahn School of Medicine at Mount Sinai. Dit beeld maakte deel uit van de expositie The Art of the Brain, gecureerd door The Friedman Brain Institute. / This image was part of the exhibition The Art of the Brain, curated by The Friedman Brain Institute.

p. 11-12 & 24-27: © Nikky Corthout & Miranda Dyson
p. 16-18: Vesalius, A. (1555). *De Humani Corporis Fabrica*, Basileae, per Ioannem Oporinum, p. 758-759. Image provided by the Imaging Lab of KU Leuven Libraries.
p. 20-23: © Ahmed Radwan & Louise Emsell, in samenwerking met / in collaboration with Stefan Sunaert
p. 28-31: © Stefan Sunaert
p. 32-34: © Koen van Laere
p. 36-39: © Lore Kerkhofs, Tristan Putzeys & Nicolas Verhaert
p. 40-43: © Ingeborg Stalmans
p. 44-47: © Robin Lemmens
p. 48-51: © Spatial-transcriptomicsanalyse van een muisbreincoupe van 10 µm dik, uitgevoerd met behulp van de Xenium-In-Situ-technologie van 10x Genomics en een muisbreinmerkerpanel van 247 genen. Data werd gegenereerd door ir. Niels Vandermeulen, afbeelding werd gegenereerd door dr. Katy Vandereyken met behulp van de 10x Genomics Xenium Explorer 4.0.0-software / Spatial transcriptomics analysis of a 10 µm-thick mouse brain section, performed using 10x Genomics' Xenium In Situ technology and a 247-gene mouse brain marker panel. Data were generated by ir. Niels Vandermeulen; the image was generated by dr Katy Vandereyken using the 10x Genomics Xenium Explorer 4.0.0 software
p. 52-53 & 72-75: © Giulia Albertini
p. 56-57: © Camiel Mannens (sample), Roel Vandepoel & Suresh Poovathingal (sample processing), Kristofer Davie (bioinformatics)
p. 60-63: © Nikky Corthout & Franck Maurinot, Vanderhaeghen lab
p. 64-65: © Lynette Lim
p. 68-71: © Eve Seuntjens
p. 76-78: © Foto gemaakt door Tim Vangansewinkel in een samenwerkingsproject met het onderzoeksteam van Esther Wolfs (UHasselt) / Picture taken by Tim Vangansewinkel in a collaboration with the team of Esther Wolfs (UHasselt)
p. 80-81 & 92-94: © Carles Calatayud Aristoy
p. 84-87: © Sebastian Haesler
p. 88-91: © Peter Janssen
p. 96-97 & 128-131: © De afbeelding werd genomen door Sophie Janssens (Lab voor Moleculaire Bio-ontdekking) met de Nikon Spinning Disk-microscoop van de VIB Bio Imaging Core (Leuven). Met dank aan de VIB Bio Imaging Core voor hun ondersteuning. / The image was acquired by Sophie Janssens (Laboratory for Molecular Bio-Discovery) using the Nikon spinning disk microscope at the VIB Bio Imaging Core (Leuven). With thanks to the VIB Bio Imaging Core for their support.
p. 100-102: © Dietmar R. Thal
p. 104-106: The Maze, William Kurelek (1953). Bethlem Museum of the Mind, Beckenham, U.K. © Derek Bayes. All rights reserved 2025 / Bridgeman Images
p. 108-111: © Giulia Albertini
p. 112-114: © Lut Arckens
p. 116-118: © Patrik Verstreken
p. 120-122: © Simon De Meyer
p. 124-125: Research of the Switch Laboratory (Meine Ramakers). Image © Malgorzata Sliwinska, Bio Imaging Core (VIB-KU Leuven)
p. 126: © Mathieu Vandenbulcke, Thomas Vande Casteele & Louise Emsell. Adapted from Vande Casteele, T., et al. (2025). Late Life Depression is Not Associated With Alzheimer-Type Tau: Preliminary Evidence From a

Next-Generation Tau Ligand PET-MR Study. *Am J Geriatr Psychiatry 33*(1), 47-62. doi: 10.1016/j.jagp.2024.07.005.

p. 132-135: © Joana Dopp

p. 136-137: © Londe, A. (1891). *Suggestions par les sens dans la periode cataleptique du grand hypnotisme* [Collotype]. The J. Paul Getty Museum. https://www.getty.edu/art/collection/object/10P4GH

p. 140-141 & 164-165: © Timothée Maniquet & Hans Op de Beeck. De data voor deze afbeelding zijn door KU Leuven onderzoekers verzameld met een krachtige 7 Tesla MRI scanner aan het Spinoza Centrum in Amsterdam. / The data for this image were collected by KU Leuven researchers using a high-field 7-Tesla MRI scanner at the Spinoza Centre in Amsterdam.

p. 144-147: © Johan Wagemans. Het 16e-eeuwse originele werk is van onbekende hand behoort tot de collectie van M Leuven. Bron: artinflanders.be. Foto: Dominique Provost voor Meemo. / The 16th-century original work is by an unknown artist and belongs to the collection of M Leuven. Source: artinflanders.be. Photo: Dominique Provost for Meemoo.

p. 148-149: © Bert De Smedt

p. 150 & 152-153: © Rhode Van Elsen

p. 151: © Dwaaltuin, een ontwerp van kunstenaarsduo Gijs Van Vaerenbergh (2025). Foto © Jan De Wilde / Dwaaltuin, a design by the artist duo Gijs Van Vaerenbergh (2025) Photo © Jan De Wilde.

p. 157: The Dancer (2023). © Tanvi Joshi, Icahn School of Medicine at Mount Sinai. Dit beeld maakte deel uit van de expositie The Art of the Brain, gecureerd door The Friedman Brain Institute. / This image was part of the exhibition The Art of the Brain, curated by The Friedman Brain Institute.

p. 160-161: © Rhode Van Elsen

p. 162: © Layla Aerts

p. 168-169: Cerebellar Venetian Mask (2023). © Adele Mossa, Praise Ola, and Michelle Chen, Icahn School of Medicine at Mount Sinai. Dit beeld maakte deel uit van de expositie The Art of the Brain, gecureerd door The Friedman Brain Institute. / This image was part of the exhibition The Art of the Brain, curated by The Friedman Brain Institute.

p. 172: © Maheva Andriatsilavo, Postdoctoral Scientist in the Brain Development team at the Paris Brain Institute.

Eindnoten / Endnotes

[1]Radwan, A.M., Sunaert, S., Schilling, K., Descoteaux, M., Landman, B.A., Vandenbulcke, M., Theys, T., Dupont, P., Emsell, L. (2022). An atlas of white matter anatomy, its variability, and reproducibility based on constrained spherical deconvolution of diffusion MRI. *Neuroimage 254*:119029. doi: 10.1016/j.neuroimage.2022.119029

[2]Tournier, J.D., Smith, R., Raffelt, D., Tabbara, R., Dhollander, T., Pietsch, M., Christiaens, D., Jeurissen, B., Yeh, C.H., Connelly, A. (2019). MRtrix3: A fast, flexible and open software framework for medical image processing and visualisation. *Neuroimage 202*:116137. doi: 10.1016/j.neuroimage.2019.116137

[3]https://github.com/KUL-Radneuron/KUL_FWT

[4]Op basis van het artikel van / Based on the article by Hanne Akkermans (2025). Muziek als medicijn. *UZ-magazine* 41, pp. 26-29.

www.kuleuven.be/brain-institute